JN021994

うちのコになってくれて
本当にありがとう

犬がそばにいてくれたから

ドッグライフカウンセラー
三浦健太

主婦の友社

犬がそばにいてくれたから
幸せな時間が増えた。

犬がそばにいてくれたから
つらい時期を乗り越えられた。

犬がそばにいてくれたから……
犬がそばにいてくれたから……

そのあとに続く言葉は、
１００人の飼い主がいれば、
１００通りある。

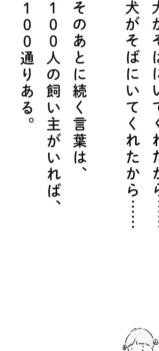

人間の5分の1しか生きないのに、
常に「今」を見つめて生きる犬は
人間より幸せを見つけるのが上手。
たとえ年老いて、動けなくなったとしても……だ。
その姿に胸が詰まり、心打たれる。

たくさんの愛をありがとう。
どんなときも一緒にいてくれてありがとう。
うちのコになってくれて本当にありがとう。

はじめに

このたびは本書を手に取っていただき、ありがとうございます。ドッグライフカウンセラーの三浦健太です。

人と犬との暮らしに関わり、あっという間に35年が過ぎました。35年前は、犬のしつけといえば、イコール訓練であり、飼い主の命令に絶対服従させることを目指すのが当然といわれていた時代でした。大声で脅かし、恐怖心で服従させ、時には体罰も辞さない指導方法がもっともらしく推奨されていました。

その後、社会の変化に伴い、指導の目的も服従から共生へと変わっていきました。人と犬との歴史は数万年前からといわれていますが、そのほとんどは、人間社会のために犬に何をさせるかといった使役が主な役割でした。現代のように犬と心を通わせながらともに暮らすといった発想は皆無だったのです。

時代が変わり、現代では犬と暮らすほとんどの人が、愛犬を家族の一員と認め、ともに生き、ともに暮らすことが当たり前となりました。ともに暮らすということは、一日の時間の流れも周囲の環境も、飼い主である人間と同様ということになります。単にともに暮らすだけでなく、時には生きがいであったり、飼い主さんやその家族の心の支えになったりもするようになりました。

人と犬は生活をともにし、家族にはなり得たのですが、同じ種族ではありません。姿、形も当然違いますが、一番の違いは平均寿命かもしれません。わが家でも、今、一緒に暮らす犬は6代目となりました。私たち人間が80歳から100歳まで生きるのに対して、犬たちは15歳から20歳程度と約5分の1しか生きられません。

このたび本書の執筆にあたり、依頼されたのは「老犬と暮らすこと」や「犬との別れ」など「犬の命」にまつわるエピソードを書いてほしいとのことでした。一愛犬家《いちあいけんか》としては、できれば考えたくないテーマです。いつかその時が来ることはわかっています。でも、できれば、今は考えたくないことなのです。最初はお断りするつもりでおりましたが、担当編集の方から、

「愛犬との別れは、すべての飼い主さんがいつかは経験しなければならないことです。直面したときに過度に取り乱してしまうことのないように、知識を得ておくことは飼い主として必要なことだと思うんです。また、愛犬を亡くしてペットロスのさなかにいる人たちにとっては心の癒やしになるような本にもできるなら、発刊する価値があると思います」

という言葉を聞き、そのとおりかもと思いました。

私もこれまでに5頭の犬と1匹の猫を亡くしています。どの子も心に残り、今でも生きていたころの出来事や感動は、ついこの間のことのように思い起こせます。死に別れてから十数年が過ぎても、鮮明な思い出を残してくれている愛犬たちを思い、言葉に残すことも立派な供養になると、勇気を持って書くことにしました。

私は愛犬家の交流を目指すクラブ（NPO法人ワンワンパーティクラブ）を創設し、これまでいろいろなイベントを開催してきました。そのおかげで、たくさんの飼い主さんとその愛犬と知り合い、彼らの別れを目にしたり、その話を伺ったりしてきました。

飼い主さんと愛犬との別れを思い出し、書くことはつらい作業でした。思い出せば思い出すほど何度も涙があふれてきて、文章を書き進められなくなりました。それでも書いているうちに一つの気づきがありました。「死」について思いをめぐらせることは、「生きる」ことについて考える機会にもなるということです。定められた短い命と直面し、いつかは体験する最愛の家族の「死」。幸せな死があるとは思えませんが、「死」を考えるとき、どう生きたかがとても重要なことに思えるのです。さらに、時間の長さを気にしたり、過去と未来を比較したりしない犬たちを見ていると、「長生きは立派なこと」とは思えないのです。犬たちにとっては

「どれだけ生きたか」ではなく、「どう生きているか」

が大切なことなのです。

私たち人間は、時に過去の失敗を引きずり、まるで現在の不幸は過去に原因があるとさえ考えることがあります。反対に、今は不幸でも将来には幸せが来ると信じて今の生活を必死に耐えたりもします。しかし、過去にとらわれず、

未来に夢を託すこともない犬たちにとっては、過去も未来もたいした価値はなく、今この瞬間こそが最も重要なのです。私たち人間以上に「今の幸せ」を大切にしています。

「今の幸せ」を大切にするということは、いつか誰かにもらう幸せには期待しないということです。その結果、犬たちにとって「幸せ」は、もらうものではなく、探し出すものになります。いつもと同じ散歩道でも、昨日まで咲いていなかった花、昨日とは違うにおい、方向が変わった風、隣にいる飼い主さんの笑顔。少しの違いをも敏感に察知し、その日、その時の幸せを見つけます。すべての犬が本質的に持っている「幸せの探し方」に気がつき、その姿を見ていると、その能力のすばらしさに心を打たれ、その幸せを共有したくなります。

私たち人間の5分の1しか寿命がない犬たちですが、その一生の間に探し出す「幸せ」の数は、もしかしたら私たちの数倍になるのかもしれません。

身をもって私たちに幸せの見つけ方を教えてくれている愛犬に感謝し、その一生をたたえるためにも、「死」を考えると同時に、「死」に至るまでの「生きる」時間を大切に、幸せに満ちた時間にしてほしいと願います。

勇気を持って書きました。

今度は皆さんが勇気を持って、読んでいただければと思います。

目次

※本書で紹介しているお話は、実話をもとにしています。ただし、プライバシー保護の観点から、登場人物名は仮名としています。

第1話

自分の手をかませ続けた飼い主

タロ

雑種。たくましい見た目だけれど実は甘えん坊。

雑種のタロを飼った佐々木《さ さ き》さんの話

最近は高齢化社会で、寝たきりや認知症の問題が取りざたされています。私の家にも高齢化の波がやってきて、ついには認知症に悩む家庭のひとつになってしまいました。でも発症したのはおじいちゃんでもおばあちゃんでもなく、愛犬のタロでした。

タロは雑種で、子犬のときに県内の動物愛護センターから引き取ってきました。タロは山深い森の中で見つけられたそうです。雨の降る夕方、小さな巣穴に子犬ばかり6匹、身を寄せて震えているところを発見され、付近に親犬も見当たらなかったということで保護されました。

犬を飼いたいと動物愛護センターに行った私は、その茶色いぬいぐるみのような姿に魅了され、即引き取りの手続きをしました。自然の困難をくぐり抜け

第1話

自分の手をかませ続けた飼い主

て私のところにやって来たので、名前はタロとつけました。『南極物語』のタロとジロのタロからもらった名前です。

あのぬいぐるみのように小さくかわいかったタロは、みるみるうちに精悍《せいかん》で凛々《りり》しい成犬に成長していきました。1年後には体重が20キロにもなり、どうやら秋田犬の血が入っているのではないかと思われるほどさらに大きく育ちました。

思っていた以上に大きく育ったものですから、動物愛護センターや近所の人たちからは「ちゃんと育てないと、大変なことになるよ」と心配されました。

しかしタロは本当におとなしい犬で、いたずらっ子の小学生も、まだ飼育に不慣れだったころの私でさえも、かまれたことは一度もありませんでした。近所の人たちもいつしかすっかり慣れて、散歩中に出会えば皆さん頭をなでてくれました。

私はしつけにはさほど興味がなく、ましてや訓練など考えもしませんでした。

それはタロの過酷な生い立ちを知っているだけに、私のところに来たからには、甘やかしてあげたいという気持ちもどこかにあったのかもしれません。

「お父さんは僕には厳しいのに、本当にタロには甘いんだから」

などと息子から愚痴をこぼされたこともあります。

息子に自転車の乗り方を教えるときには、けっこう厳しく指導していました。それがタロには、見よう見まねで「オスワリ」「オイデ」「マテ」を教え、完璧にはほど遠い状態でも厳しく叱ることもできず、甘くなってしまうのでした。特に私の「マテ」という声に喜んで駆け寄って来たときには、さすがに苦笑いしてしまいました。

「オスワリ」も言うとおりにできるのは10回に3回くらいで、言うことをきかないと言えばそれまでですが、座らずに近づいて来て、足元に顔をすり寄せてくるかわいさといったら、しつけなんてどうでもよくなってしまうのです。

第1話
自分の手をかませ続けた飼い主

タロは普段は庭で自由に過ごし、夕方になると妻に足を拭いてもらって家に上がります。食事はリビングで家族の一員として一緒に取ります。眠るときは玄関脇の専用スペースで横になるのですが、息子はそれが気に入らないらしくこんな会話が続きました。


「タロはいいなぁ。僕には自分専用の場所なんてないのに」

「そんなに自分の場所が欲しいならタロの横に毛布を敷いてやろうか」

「僕はお母さんと一緒の布団のほうが

いいよ」

「なんだ、ちゃんと自分の場所があったじゃないか」

その後は、南極のタロの名前にふさわしい冒険譚とは無縁の15年間を過ごし、すっかり老犬となりました。

そのころから、不思議な事件が起こり始めたのです。

「お父さん！　急いで来てください！」

「なんだ、慌てて。どうした？」

妻に呼ばれ、庭へ出てみて私は目を疑いました。植えてあった芝生が無残にも引きちぎられていたのです。

「こんなひどいことをするなんて、一体誰が？　土もこんなに掘り返されて、一体どうなっているんだ？　庭門の鍵はしっかりかけられているし、誰かが

入って来たとも考えにくいしな」

「ねえ、タロの足、ひどく土で汚れているわよ」

「そんな、まさかタロが？　なんのために？　それにこの芝生、タロのお気に入りの場所だぞ」


　タロは今まで一度も芝生を掘り返すようなことはありませんでした。犬は胸焼けすると、道端の草を食べてそれを解消しようとしたりしますが、胸焼けするようなものを食べたわけでもありませんでした。そもそもそんな理由では済ませられないほどに芝生は掘り返されていたのです。


「なんだろうね？」

　家族でいくら話し合っても、答えにはたどり着きませんでした。なにしろタロはそれまで、私たちを怒らせるようなことをしたこともなければ、理解できないようなことをしたこともなかったのです。

「何かいつもと違う、気に入らないことがあったのかしらね」

妻が結論めいたことを言いましたが、答えは出ませんでした。

「ねえ、タロがどんなときに、あんなことをするのか観察してみましょうよ」

妻の提案で、時間の許す限り交代で庭にいるタロを観察することになりました。しかし、それからタロが芝生を掘り返すようなことはありませんでした。

そして半年が過ぎ、家族の誰もがあの出来事を忘れてしまったころ。ある日曜日の昼下がりに、私は読書をしながら妻の入れてくれたコーヒーを飲んでいました。と、不意にタロの唸《うな》り声が聞こえてきました。

「タロが唸るなんて珍しいな」

私はコーヒーのカップを片手に縁側へ足を運びました。

第１話
自分の手をかませ続けた飼い主

「お、おい！　みんな！　みんな来てくれ！」

私の大きな声に妻と息子は大急ぎでやって来ました。庭には唸り声を上げながら暴れているタロと、半年前よりも広い範囲で荒らされた芝生。そして割れた鉢植えの数々が辺りに転がっていました。

うろたえる妻、その妻にうろたえる息子。私は庭へ飛び出して、唸るタロの首根っこを押さえながら怒鳴りました。

「タロ！　何をしているんだ⁉　ダメだろう！　こんなことして！」

その瞬間、タロは予想外の行動に出たのです。タロは鬼のような形相で唸り声を上げ、その牙をむき出しにしたのでした。

「きゃーっ！」

「お父さん‼」

私は思わずタロを振り払いました。タロは地面に倒れ込みました。

「タロ！　大丈夫か⁉」

駆け寄ってタロを抱き上げると、そこにはいつもと同じ温和なタロがいて、「クゥ〜ン」と甘えたような鳴き声ですり寄って来るのでした。あんな恐ろしい目に遭ったのに瞬時にタロに駆け寄れたのは、あのタロの姿が信じられず、異世界にでも放り込まれたような不思議な感覚だったからなのかもしれません。

しかしそこは異世界でもなんでもなく、現実だということを見せつけられました。やがて、タロが庭を荒らすことも、私に唸り声を上げることも毎日のこととなり、日に何度も繰り返されるようになりました。庭を荒らしているタロは、もう別の犬のように感じられ、やめさせようと思って「イケナイ」と言うだけでも、あの鬼の形相で唸り声を上げて威嚇してくるのです。原因はわかりません。ただ唸るばかりで、かみついたりはしてこないのが救いでした。私は庭に転がった鉢植えと、もう取り返しがつかなくなった、芝生のあった場所を呆然《ぼうぜん》と見つめていました。

それから数日後、タロは花がむしり取られて庭に転がっていた、まだ割れていない素焼きの鉢をかじっていました。壊そうと思っているのか、かじったり、引きずり回したりしていました。タロも既に15歳を超えていたので、かむ力は相当弱くなっているようで、歯で砕くことはできずにいました。ただ時間をかけてかむことによって、少しずつ縁が欠けていっています。そしてその細かい欠片《かけら》をペロペロとなめ始めたのです。「ダメ」と言おうと思ったのですが、あの鬼の形相を思い出し、声をかけることを躊躇《ちゅうちょ》してしまいました。

こんなことが何日も続きました。そして、そのうちタロは散らばった素焼きの鉢の欠片をおいしそうに食べ始めたのです。いくらなんでもそれは体の内側が傷ついてしまうと思い、止めに入りました。

「やめなさい！」

私が首輪をつかんで地面から引き離した瞬間、鈍い痛みが右腕に走りました。タロが私をかんだのです。今までイタズラの甘がみさえしたことのなかったタロが、私にかみついてきたのです。顔から血の気が引いていくのがわかりました。もう老犬でかむ力は弱くなっていますので、血がにじむ程度で大事には至りませんでしたが、ショックを受けるには十分な出来事でした。

「これは普通じゃない。変だ。きっと何かが起きているんだ！」

　胸騒ぎがした私はタロを連れて動物病院へ駆け込みました。はじめの芝生の一件から、素焼きの鉢を食べ、腕にかみついたことまでを細かく説明しました。先生の答えはたった一言でした。

「認知症ですね」

「に、認知症⁉　犬がですか？　犬が認知症になるんですか⁉」

「犬にも認知症はあります。特に和犬系の高齢のワンちゃんに多く出やすいんですよ」

「私はどうしたらいいんでしょうか」

「とにかく大事にしてあげてください」

　先生の診断を聞いて、私は悲しいというより、なぜかうれしい気持ちになっていました。そんなになるまでの本当に長い時間、タロは私たちのそばにいてくれたのです。

「ありがとう、タロ」

次の日、私はホームセンターで厚手の革手袋を購入しました。

「これでかんでも大丈夫だぞ。いいかタロ、思いきりかんでいいからな」

私は、タロがかみつきたいときにかみつけるように準備したのです。タロが喜ぶなら好きなだけかみつかせてやろうと思いました。

それから毎日、タロは庭に放されると私に向かって唸り始め、それを制するとかみついてきました。よくよく観察していると、どうやら庭に壊せるものがないときに唸っているのでした。何かを壊したい衝動。そういえば、亡くなった妻のお父さんも晩年は感情が激しくなり、物に当たっていました。タロも自分の感情に整理がついていないのかもしれない。

「吐き出していいんだぞ。全部、かみついてスッキリしろ」

日増しにかみつく回数は増えていきました。かまれた痛みは気になりませんでしたが、かまなくてはいられないタロの心の痛みに涙が流れました。やがてタロは庭でだけではなく、家の中でも私にかみつくようになりました。手首のところまでの長さだった革手袋では危険だと、妻が肘までタオルでグルグル巻きにしてくれました。

タロは次第に考えも目的もなく、た

だかみついてくるようになりました。普通に近づいてきてかむのです。

「タロはお父さんのことが大好きだから、かんでいるのかもしれないわね」

「そうなんだよ、私もそう思うんだ」

「ねえ、タロの目を見て。もうあのときみたいな怖い顔、していないのね」

「本当だ。子犬のころのような甘えた顔してかんでるね」


そして16歳になった日を境に、タロは立ち上がるのが困難になってきました。立ち上がろうと懸命に足を踏ん張ります。はじめはどうにか立ち上がって歩いていましたが、日を追うごとにその歩く距離は短くなり、やがて「クゥ〜ン」と言うだけで、立ち上がることはできなくなっていきました。そして軽く唸り声を上げて、私の手にかみつくのです。かみつくといっても、もう力は弱く、くわえるといったほうがいいかもしれない状態でした。私は革手袋を外しました。せめてタロの歯の圧を感じていたかったのです。

タロが寝たきりになって1カ月が過ぎ、次第に食欲もなくなり、やがて水さえほとんど飲まなくなりました。


「できるだけ一緒に、そばにいてあげましょう」

妻がそう提案すると息子が、

「僕、タロと一緒に寝るよ」

とタロの頭をなでながら言いました。

「そうしてあげてくれ。タロも喜ぶだろう」


それから1週間。もう目を開くこともできなくなっていて、息を少しハァハァ言わせていることで生きていることがわかるような状態でした。そのタロが急に目を開けました。

「みんな、来てくれ！　タロが目を開いたぞ！」

家族がタロの元へ集まり、固唾《かたず》を飲んで見守りました。タロは久しぶりに声を発しました。小さく小さく「ウ～」と唸り声を上げています。私は自分の手をさし出しました。

「タロ、かんでいいんだぞ。ほら、私の手だ。さあ、かめ」

タロは口元を私の手にすり寄せ、「クウン」と鳴くと、私の手をかむ……のではなく、なんとペロペロとなめ始めたのです。

「タロが……」

妻も息子もタロの口元へ自分の手を持っていきました。タロは私たちの手を

第1話
自分の手をかませ続けた飼い主

ペロペロとなめます。この感触はどれくらいぶりだろうか。家族の誰もが一言も発せず、ただただ懐かしさと優しさにあふれた笑顔でタロを見つめるのでした。そこにいるタロは、ここしばらくの唸るタロではなく、16年前に動物愛護センターで出会ったとき、そのままのタロでした。タロは懸命に、取りつかれたように私たちの手をペロペロとなめるのでした。そしてなめるのをやめたとき、その命を閉じました。

タロ。16歳と3カ月の秋の夕方のことでした。

認知症になっても心の絆は続いている

一昔前に比べると、犬の寿命もずいぶん延びました。つい20年ほど前には7歳を過ぎたら老犬といわれ、12歳を過ぎればいつ亡くなってもしようがないと思われていました。今でも、地域によっては10歳を過ぎると保健所から長生きの表彰状が届くところがあります。昔の名残なのでしょう。

この20年で変わったことといえば、まずは獣医学の進歩が挙げられます。次に犬の種類ですが、現代では圧倒的に小型犬が増えています。同時に室内飼いが増えているのも伝染病の予防などには効果があるといえます。愛犬が少しでも長く生きてくれるのはうれしいことですが、老後に現れるいろいろな症状は、飼い方による差もありますが、犬種による差もあるようです。

近年、研究者の間でよくいわれているのが、日本犬（和犬）と呼ばれる犬たちのほうが認知症になりやすいということです。古くから日本の気候や風土になじんできた日本犬特有の食性や消化能力が影響しているのかもしれませんが、確かに、犬の認知症は圧倒的に日本犬に多いのです。昔の日本では、愛犬にはご飯（米）の余りや魚の骨などを与えていました。それに比べて近年のドッグフードの原材料はトウモロコシや鶏肉が主流です。そのような変化の影響もあるのかもしれません。

ただ、時期が来て、動けなくなったり、認知症ぎみになってきたとしても、犬の生の原点である、飼い主さんとの心の絆が消えることはありません。犬の寿命は変えられないのですが、一度築いた飼い主さんとの絆は心の奥底にずっと持ち続けていると信じていますし、信じてあげるべきだと感じています。

第2話

きみが歩けるのなら……

オハナ

ウェルシュコーギー。つぶらな瞳がチャームポイント。

ウェルシュコーギーのオハナを飼った山口《やまぐち》さんの話

私が飼っているウェルシュコーギーのオハナは12歳。人間の年齢にすると70歳くらいになります。散歩をしていても急に駆けだすこともなくなり、前へ前へと引っ張る力も弱くなってきました。というより、前へ引っ張るという仕草《しぐさ》自体がなくなってきました。

「前はグイグイ引っ張って大変だったのになぁ。引っ張らないようにしつけても全然ダメでなぁ。ま、それも元気な証拠って思っていたんだけど……」

それどころか、歩くスピード自体も遅くなってきていて、ともすると私のほうがオハナを引っ張っているときがあるほどです。そんなオハナを横に見ながら、散歩が楽になったと割りきるようにしていました。

第2話
きみが歩けるのなら……

散歩での歩くスピードが遅くなったと思い始めてから6カ月くらいたったある日、オハナの足元で「ザッ」と音がしました。振り返るとそこには枯れ葉もゴミもなく、何かこすれて音を出すものなどは見当たりませんでした。

「なんだろう……」

オハナのほうを見ても何かを踏んづけている様子はありません。私は再び歩きだしました。するとまた「ザッ」と音がしました。ちょうど音がした瞬間、私はオハナのほうを見ていたので原因がわかりました。後ろ足を前へ出そうとするとき、うまく上がらずに足の爪が地面にこすれてしまっていたのです。

「大丈夫か？」

オハナの爪を見ましたが、出血などはないようです。

「気をつけるんだよ。もう、若くはないんだからね」
私はまるでおばあちゃんにでも言い聞かせるような口ぶりでそう言うと、また歩き始めました。その日は、それ以後、爪をこすることはありませんでした。

その日以降も散歩中に一〜二度「ザッ」と地面をこすることはありましたが、特にケガをするわけでもなく、痛そうな顔をするわけでもなかったので気にかけなくなっていきました。

それから半年ほどがたち、オハナも13歳。6月になって気温が上がり、少ししっとりとした風が肌に心地よい季節がやってきました。一年で一番、散歩に適した季節です。オハナはこの季節に咲く花々が好きでした。

「オハナちゃん、お散歩だよ」

いつもならキャンキャン言って出てくるのですが、今日は呼んでも出てきま

せん。おかしいなと思ってのぞいてみるとオハナは寝床に横になったまま、私に気づいたのか、こちらをじっと見ていました。

「どうした？　お散歩だよ」

と誘っても、あまりのってきません。

「天気もいいし。散歩は行かなきゃ！」

私は半ば強引にオハナにリードをつけました。最初は嫌がったものの、諦めたのかオハナは歩き始めました。いつものコース、いつもの時間、いつもの散歩道でしたが、間もなく家に帰り着くというころ、あの「ザッ」という音がしました。私は「今日もか」と思いましたが、今度は「ザッ、ザッ、ザッ……」と続けざまにまた音がしたのです。

「オハナちゃん、大丈夫か？」

抱き上げてびっくりしました。後ろ足の爪が2本剝がれて、激しく出血していたのです。あまりの痛々しさにオハナに「ごめんね、ごめんね」と謝り続けました。散歩はすぐさま切り上げ、オハナを抱いたまま動物病院へ駆け込みました。先生に診てもらうと、

「うん、これで大丈夫。問題ないですよ。バイ菌も入ってないようですし、しっかり消毒しておきましたから。ただしばらくお散歩は難しいかな」

とのことでした。

人間にしたら75歳。もう少し気をつかってあげるべきだったのか。でも散歩をさせなければ体がなまってますます老化が進んでしまう。健康のためにもよくない。とはいっても散歩をすればこんなひどい目に遭う。

どうしたものかとネットで検索をしていたら、同じような悩みを抱えた人が多いようで、その解決策が書かれたサイトや対策グッズの販売サイトを見つけ

ることができました。

「これだ！」

オハナにぴったりだと思ったのが、犬用の革靴でした。しっかりとした作りで、足首も反り返らないように設計されたものでした。お値段は人間の靴以上というか、私の靴以上に高額で一瞬ひるみました。

「でもこれなら地面を爪でこするようなことはなくなる。もう痛くないし、一緒に散歩ができる」

私は購入を決めました。3日後、商品が届きました。オハナに履かせてみると、おとぎ話に出てくる騎士のようにも見えて、なかなかオシャレです。

オハナは靴に若干の違和感を覚えたようですが、それも最初だけで、しばらくすると歩き始めました。ケガのために2日ほど休んだ散歩でしたが、靴も快適だったのか、自分から散歩をせがんできました。

「よかった……。これでオシャレにお散歩できるぞ」

すれ違う人からの評判もよく、また毎日の散歩が楽しくなりました。こんなことならもっと早く靴を履かせて散歩をすればよかった。

ところが靴を履いてから2週間目の出来事です。散歩に行こうと呼んでも

出てこないのです。

「どうした？　お散歩だよ。……あれ？　オハナちゃん……？」

どうしたものかと思い、オハナの様子を見てみると、今度は後ろの足が2本とも動かなくなっているのです。懸命に立ち上がろうとしているのですが、その足は力んで震えるばかりで、力尽きて伸びてしまいました。

「オハナちゃん！」

オハナは前足だけで、まるで腕立て伏せのようなポーズでズルズルと這い出てきました。オハナ自身も何が起きているのかわからないようで、焦りからなのか目ばかりをキョロキョロさせて戸惑っていました。

その日以来、散歩は日課ではなくなってしまいました。オシッコやウンチのときには「キューン」と鳴いて知らせてくれるようになりました。キューンと鳴くと、私はオハナを抱っこして庭に降ろすのですが、オハナは前足だけで体を浮かせて排泄します。胸から上は汚れませんが、それより下は地面に着いているので、どうしても汚れてしまいます。排泄後はしっかりとウエットティッシュで拭いてあげなくてはなりませんでした。

「何かいい方法はないかな……」

困ったときはネットで検索です。まったく便利な時代になりました。同じ悩みを抱えている人がこんなにもいるんだと思うと、少しうれしくなります。一人ではないんだって……。

私はタオルのような柔らかい布に2本のベルトがついている歩行補助器を見つけました。

第2話
きみが歩けるのなら……

「老犬介護用か。これだな」

翌日、老犬介護用の歩行補助器が届きました。2本のベルトでつり上げるようにして犬を支えます。動かない後ろ足を空中で支えられるので、犬自身は4本足で立っているように感じるのでしょう。オハナに使ってみると、かなり快適なようで前足で地面をつかみ、歩いていこうとします。自由に歩けることがうれしいようで、どんどん前に行こうとします。気持ちも積極的になっているようでした。

「よし、これでオシッコもウンチもしやすくなるぞ」

しかし、喜んだのも束《つか》の間、オハナが快適に歩けたのはわずか2週間でした。今度は前足が動かなくなりました。

「なんでだよ！　なんでこうも次々にダメになっていくんだ！」

補助器はただ、オハナの体をつり上げるだけのものになってしまいました。それでも、それがあるだけで排泄は楽だったようです。毎日のお世話は大変でしたが、鳴いて教えてくれるオハナのけなげさに応えるんだという思いが湧いてきました。日に日に不自由になっていく体とは裏腹に、私とオハナの心はしっかりつながっているような気持ちになっていきました。

「オハナちゃん、散歩に行きたいよなぁ」

補助器をつけてからは、一日1回の排泄以外は外へ出ることがなくなっていたのですが、外を通る車の音がしたりすると、オハナはその方向をじっと見ているのです。

第２話
きみが歩けるのなら……

「外に行きたいよな、やっぱり」

でも新しい器具をつけると、また体が悪くなるのではないかと思ってしまうのです。もちろん、器具のせいで体が悪化していくわけではありません。動物病院の先生からも単なる老化だと言われています。だったら無理に体を動かしてしまうよりは……。

「動きたいのか？　それとも動くのはつらいのか？　オハナちゃん、せめて言葉がわかったら、したいようにさせてやるのにな。したいように……させてやりたいよ」

私は葛藤の中で、それでもなんとかならないかと必死で調べました。するとまたしてもネット検索ですてきな器具を見つけました。

「これならオハナちゃんの体に負担はかからないぞ」

それはドギーカートと呼ばれるもので、犬を乗せるためのカートです。ひと口にドギーカートといっても形状も機能も様々で、選ぶのはけっこう大変でした。なかにはヨーロッパの高級車メーカーのものもあったりして目移りしましたが、せっかくならと奮発して階段の移動もしやすい特殊形状のタイヤがついたうえに、小回りがきいて、買い物に連れていくにも便利なタイプを選びました。通気性がよく気温上昇にも対応していて、乗っていて暑くなりにくいのも魅力でした。

「これで気分よく、外の空気が吸えるぞ。高くない、高くない。オハナちゃんのためだ。いい買い物をしたぞ！」

1週間後、ドギーカートが届きました。はやる気持ちを抑えて梱包を解き、オハナを抱っこしてカートに乗せました。初めて乗せたとき、オハナはまったく嫌がりませんでした。さすがは高級品！　まずは家の周りを一周。最初はうずくまっていたオハナも、しばらくするとカートから顔をのぞかせました。やがて顔を出して前のめりになって、いつもよりも高い目線の景色と新鮮な空気を堪能していたようでした。

「やったな。これで毎日、前みたいにお散歩ができるぞ」

オハナがあまりにうれしそうに乗るものだから、散歩は一日に3回も行くようになりました。地面を歩いていたときよりも顔が近くなったからか、私はオハナと話をすることが多くなりました。オハナが初めてうちにやって来たときのこと。大好きだったドッグフードのこと。私の口の周りをペロペロなめるのが好きだったこと。散歩の途中で出会った仲よしワンちゃんとドライブに行ったこと。ドッグランではほかの犬にびっくりして全然走れなかったこと……。

思い出を話しながら、思い出をつくっている感覚でした。

犬も一緒に入れるカフェにも初めて入りました。やはりこのドギーカートは目立つのか、みんなが寄ってきました。店員さんは「内緒ですけど」と言いながらサービスにケーキを持ってきてくれました。

写真もいっぱい撮りました。ドギーカートは私とオハナの思い出をいっぱいつくってくれました。

そしてオハナは、ドギーカートが届いて1週間後の朝、亡くなりました。

前の晩、食欲がなく、ドッグフードを残していました。食いしん坊のオハナといえど、この半年くらいはそんな日もたまにはあったので、気にせずにいました。朝起きて、寝ているオハナに声をかけました。

「おはよう、オハナちゃん」

第2話

きみが歩けるのなら……

寝起きのいいオハナは、私の一声で必ず起きるのですが、その日の朝は目覚めませんでした。

「あれ？」

オハナの息はもうありませんでした。穏やかで優しい顔のまま冷たくなっていました。まるで眠っているだけのようでした。私はオハナを抱っこしたまま長い間、泣き続けました。

「オハナちゃん、ずるいよ、自分だけ先に散歩に行っちゃうなんてさ」

数日後、火葬も終わり、オハナは遺骨になりました。位牌の周りにはオハナのお気に入りのおもちゃや道具を置きました。首輪、ぬいぐるみ、ボール、大好きだったおやつ。その脇には2週間しか使わなかった革靴。1カ月しか使わなかった歩行補助器。そして1週間しか使わなかったドギーカート。それらはなんだか寂しそうに見えました。

オハナ。オハナは私と生きて幸せだったかい？　私は幸せだったよ。でもね、ちょっとだけ残念だったことがあるんだよ。オハナは年を取って、おばあちゃんになっていったけど、オハナの顔は子犬のときのままで、おばあちゃんだってわかってはいるつもりだったけど、本当のところ、わかっていなかったんだな。だから歩けなくなったときも信じられなくてさ。受け入れられなくてさ。大人のワンちゃんは人間の5倍の速さで年を取るんだろ。そのことをちゃんと心の真ん中でもわかっていてあげられたら、あんなに不安にならずにもっと普通に、もっと優しくできたんじゃないかって思うんだよね。でも楽しかったね。ドギーカートは私とオハナの心を近づけてくれたよね。オハナ、思い出をいっぱいありがとうね。私はオハナにいっぱい思い出をあげられたかな。あげられていたらうれしいな。

その時、お線香の煙がそっと揺らぎました。夏の初めの風がそよそよと入ってきたのです。私はカーテンを開けて空を見上げました。

「オハナちゃん、きみが好きだった夏の入道雲だよ」

三浦健太より

犬の老化は思いのほか早い

犬の成長は早く、0歳代では人間と比較して約12倍、その後も犬の1年は人間の4～6年といわれています。人間の年齢にたとえれば、1歳を迎えた犬は、人間でいうと12歳。小学校6年生です。2歳になった犬は、人間でいえば18歳の若者です。子犬のときの仕草も成長につれて大人の犬のようになってきますし、心の成長も同様に起こります。

子犬があっという間に大きくなるのはそばにいる飼い主さんにもわかるのですが、成長が早いということは、老化も早いということにはなかなか気づきません。できればあまり考えたくないという心理も影響しているのかもしれません。人間でも高齢者となれば、5年前には楽に上れた階段や坂道も次第につらくなっているの

かもしれません。消化しにくいものを食べれば、数日にわたって胃がもたれることもあります。歩くスピードも徐々に遅くなり、無理をすれば疲れが数日間残ることもあります。高齢に近づいてきた犬もまったく同じなのです。

去年まで、元気に跳ぶように歩いていた犬も、時々引きずるような音を出して歩くようになったりします。飼い主は、「去年と比べてずいぶん急に……」と思いますが、私たちの5年分が経過したのと同じなのです。私たち飼い主は、成長が早いということは老化も早いということをしっかりと意識して、準備する必要があるのです。

第3話

犬がつないでくれた縁

ボブ

ゴールデンレトリバー。一番の楽しみはお散歩。

ゴールデンレトリバーのボブを飼った美咲《みさき》さんの話

ボブがわが家へ来たのは私が中学2年の春でした。生後3カ月のボブは走るのが大好きで、初めての散歩は、タンポポが咲き乱れる公園。黄色い〝絨毯《じゅうたん》〟の中を転がりながら綿帽子まみれになってキャンキャン言っていた姿を今でも忘れることができません。

ボブは私と当時高校生だった姉がペットショップで一目惚れして、わが家へやって来たゴールデンレトリバーです。でも最初、両親は反対していました。

「お父さんは小型犬がいいと思うな」

「そうね、それならお散歩も楽だしね。とは言っても、お散歩はあなたたちの担当だからね」

第3話

犬がつないでくれた縁

私たち姉妹は両親の反対を押しきってボブをわが家へ迎え入れたのです。今思えば、あんなに駄々をこねて何かを買ってもらったことはありませんでした。最後は両親も根負けしてのお迎えとなりました。

楽しいボブとの生活に、それまで朝寝坊だった私も自然と早起きになりました。

「やっぱり二人の言うとおりにボブにしてよかった」

と両親も言ってくれたのでした。

私と姉は最高の相棒ができたとうれしい気持ちでいっぱいでした。「かわいいね」と言いながら見ているだけで一日が過ぎていきました。

私は学校から帰るとボブにおやつをあげて遊ぶのが日課でした。そして一番の楽しみはボブとの散歩。でもこれは部活を終えて帰ってくる姉を待たなくてはなりません。早く帰ってきたほうが散歩に連れていくという提案は即却下され、私は毎日今か今かと姉の帰りを待つのでした。母からはその間に宿題をしてしまいなさいとよく言われましたが、ボブが私を放っておいてはくれませんでした。

帰宅した姉と私はボブを連れて近所を歩くのですが、ボブは時折新しい道を行きたがり、私たちも町内ながら新しい景色に出会うのでした。私たちはこんな日がずっと続くものと思っていました。しかし、この楽しい散歩は半年とちょっとしか続きませんでした。生後10カ月になるころにはボブの体格も大きくなり、体重は30キロ。そしてそれ以上に力が何倍も強くなっていったのです。もう立派な大型犬です。

家の中で走り回れないほど大きくなったボブの散歩は朝夕の2回になりました。散歩が大好きなボブは大喜びで駆け回りましたが、私たちはただ振り回されるばかりで、楽しいという気持ちは次第に薄れていきました。

第3話
犬がつないでくれた縁

「今日は試合直前の練習で帰りが遅くなるから、ボブの散歩は一人でお願い」

姉からそんな連絡が入ると、ただ気が重たくなるばかりで、帰宅部だった自分を呪いました。散歩中に自転車の前かごから顔を出すマルチーズとすれ違ったりすると、なんで両親の言うことを聞かなかったのかななんて思ってしまって、グイグイ私を引っ張るボブのリードを鼻息荒く引っ張り返す自分がいました。

ボブの散歩は先が読めない進み方をしました。急に思いついたように方向転換したり、急に走りだしたり。強引に引っ張られ、振り回され、今、自分がどこにいるのかさえわからなくなることもありました。危うく走っている自転車やバイクに接触しそうになったり、「あっ！　ワンちゃんだ！」と言う声を耳にすると、いきなり飛びついて押し倒しそうになったり、歩いている小学生に向かってものすごい勢いで走りだして、泣かせてしまったり。ただただ謝り続けるだけの毎日でした。

「かまれるから、美咲ん家《ち》の犬には話しかけるな」

クラスの友達にはそんなことをうわさする子まで現れました。実際には人をかんだりしたことはなかったのですが、私は友達の言葉に反発する元気さえなくなっていました。

このままじゃいけないと思って、しつけの本を買いました。「散歩中にリードを強く引っ張ることがあれば、しっかりと叱りましょう」と書いてあり、私は心を鬼にして、しつけを頑張りました。

ところが散歩中のボブの横暴さはますますエスカレート。散歩道にある農家

第3話

犬がつないでくれた縁

のおばさんから軍手をはぎ取って、放さないということもよくありました。遊び尽くしてボロボロにしてしまうことも一度や二度ではなく、新品を買っておわびをするたびにボブを恨んだり、部活で散歩を私に任せた姉を恨んだりしました。

特につらかったのは、散歩の途中で止まったままテコでも動かなくなること。大きなダンプカーがそばを通り過ぎると固まったまま動けなくなるのです。クラクションの大きな音が聞こえたときには何分も動けなくなってしまって、一体いつになったら家に帰れるんだろう?と雨や雪の日には涙が止まらなくなったこともありました。

無理を言ってわがままで飼ったボブです。でも散歩に行くのがつらくて、わざと朝、用事をつくって散歩をサボるのですが、罰《ばち》は当たるもので、そんな日の夕方の散歩は朝の分まで振り回されるのです。

そんなある日、町内の掲示板に貼られた「犬のしつけ教室」のポスターを目にした父が参加の申し込みをしてくれました。教室のトレーナーさんは私たちがボブと散歩する姿を見て言いました。

「ボブくんはずっとキョロキョロしていますね」

「はい。いつもなんです。それで急に止まったり、走りだしたり。……好奇心が旺盛なんですかね？」

「うーん、そうではなくて、飼い主さんと歩くのがつまらないみたいですよ」

「えっ？」

予想外の言葉でした。

「ボブくんは散歩は好きみたいですが、一緒に歩いている飼い主さんには興味がないみたいですね。あなたたち自身は、お散歩、楽しめていますか？」

私と姉はトレーナーさんに、ボブの散歩がいかに大変かを説明しました。

「叱ってばかりなんですね。それじゃあお散歩も楽しくないですね」

「でも……」

私はうつむきました。

「ボブくんにとっては、待ちに待ったお散歩なんです。飼い主さんもお散歩を一緒に楽しんだほうがいいですよ」

「でもしつけの本には叱りなさいって書いてありました」

トレーナーさんはニッコリ笑って教えてくれました。

「ボブくんは人をかんだり、ほかの犬とけんかしたりはしないんでしょ。もしあなたが楽しいことをしているのに、お父さんやお母さんに叱られたらどんな気持ちになりますか？」

私はハッとしました。前はあんなに散歩が楽しみだったのに。目から鱗《うろこ》が落ち、涙が止まらなくなりました。それまではボブに引っ張られたら「ダメ！」

「いけません！」と言っていましたが、それからは「そっちに何があるの？」と聞くようにしました。そうしたらボブは花の咲いているほうへ行きたかったんだということがわかりました。ボブは花が好きだったんです。初めての散歩のときのタンポポ。梅雨の紫陽花《あじさい》。夏の向日葵《ひまわり》。そして畦道《あぜみち》に咲く小さな花たち。クンクンにおいを嗅いだら満足して歩みを進めるのです。

ボブと私たちにとって楽しい散歩を始めてから数週間たったころから、ボブにさらなる変化が見え始めました。花を見つけても、強く引っ張ることがなくなってきたのです。私のほうを見るので、「いいよ」とほほえむと花のほうへと進むようになりました。そして「きれいでしょ」と言わんばかりに私たちを見るのです。私は「きれいね」と返します。「きれいなお花を見せてくれてありがとうね」、そう言うと、ボブはうれしそうに私のあとをついて歩くようになりました。

第3話

犬がつないでくれた縁

ボブがわが家へ来て15年。突然、ボブはあの世に旅立ちました。

体調が悪くなり、食欲が落ちて、動物病院に連れていってから10日目のことでした。

わが家では、誰も口をきかなくなって、どんよりとした空気が流れました。気分を紛らわすためにつけたテレビのバラエティー番組から聞こえる笑い声は、ただただ虚しいばかりの音でしかありませんでした。何かおいしいものでも食べて気分を変えようと思っても、「ボブが好きだったね」と逆に彼を思い出し、一瞬の思い出話のあとにはまた誰もが黙り込んでしまうのでした。

ボブが亡くなって3カ月ほどたった、私が29歳の誕生日を迎えた日の夕方。私は姉を散歩に誘いました。

「お姉ちゃん、今度の日曜に散歩に行かない？　ボブを連れて歩いた道を」
「聖地巡礼か。いいね」

それは気晴らしのための散歩でした。重苦しい空気をどうにかしたいという思いでした。忘れなきゃいけないと思う半面、忘れちゃいけないという思いもありました。でも一番大切なのは、忘れたくないという思いでした。私たちはボブが愛した花たちが咲くあの道を忘れないために歩こうと決めたのです。

日曜日。私たちは久しぶりにスニーカーを履いて、リードを握り締め、散歩セットを手にして歩き始めました。あのころと一緒の散歩です。ただボブだけがそこにいませんでした。

歩き始めて間もなく、姉が声を出しました。

「あっ！　紫陽花」

「覚えてるよ。ボブ、この垣根からはみ出した葉っぱをよくくわえてたよね」

「なんだったんだろうね。公園や庭の紫陽花の葉っぱには興味なかったのにね」

「本当、不思議」

「……」

姉が急にだまりました。

「どうしたの？」

「毎日一緒にいたのに、知らないことってあるんだよね」

「そうだね」

そうやって歩きながら、私たちは今は咲いていない花々を思い出しながら、その花のにおいを嗅いだり、跳ね回ったりしているボブを思い出していました。やがて歩道橋へさしかかると、階段が好きで何度も何度も上ったり下りたりを繰り返したことを思い出しました。

「元気だったよね。ボブも美咲も私も」
「今じゃ絶対、無理！」

私たちは歩道橋の上から、行き交う車や、横断歩道を渡る人の姿を懐かしく見下ろしていました。それから15分ほど歩いて河原に着きました。

「ねえお姉ちゃん。ボブ、この浅瀬が好きだったよね」
「そうね。ここをバシャバシャ走り回るの」

「夏は冷たくて気持ちいいんだけど、汗とボブのブルブルで日焼け止めなんて全部流れちゃって」

「美咲、首筋が真っ赤になって大変だったよね」

「お姉ちゃんもずっと川につかりっぱなしで、足なんてふやけちゃって」


私はにじんできた涙を姉に見せないようにうつむきながら、話し続けました。


「でもさ、川は好きなのに、泳げないんだよね」

「猟犬が泳げないって何⁉って思った」

姉は笑いました。

「実際、泳がれたら困ったけどね」

「だね」


私たちはホームセンター内のペットショップにも立ち寄りました。

「あそこ」

姉が懐しそうに指をさしました。

「ボブを連れてよく行ったね。首輪やリードもあの店だったね」

「河原の帰りにはドッグフードも買ったよね」


ショーウインドーのまだ小さな子犬たちを見ながら懐かしんでいると、奥から店員さんが出てきました。


「あら、よく来てくださっていたゴールデンの飼い主さんですよね」

「覚えてくださっているんですか!?」

「体は大きいけど、仕草のかわいいワンちゃんでしたから、よく覚えてますよ。今日は一緒じゃないんですね」

「実は……」

第3話
犬がつないでくれた縁

姉はボブが亡くなったこと、ボブをしのんで散歩コースを歩いていることを話しました。

「そうでしたか。私ね、職業柄多くのワンちゃんに接しているんですけど、あのコは特別に好きだったなぁ。ガラス戸越しに私と目が合うとね、笑うんですよ。大きなしっぽを小刻みに振って。そうか、もう会えないんですね」

意外なファンの存在に驚きながらの帰り道。ボブとの散歩がなくなってから、ほとんど通ることのなくなった商店街の八百屋さんの前で声をかけられました。

「お姉ちゃんたち！」

「こんにちは」

「今日は茶色いでっかいのはいないのかい？」

八百屋さんのご主人はよく売り物のリンゴをボブに食べさせてくれていました。

「かわいい目をしてるねぇ。かわいくって、ついついリンゴをあげたくなっちゃうんだよなぁ」

なんていつも言っていました。

私はボブが亡くなったことをご主人に伝えました。

「そうか。死んじまったのか。そうか……まぁな、犬ってヤツは人様より早く逝っちまうもんだからな。そうか……。なあ、これ、このリンゴ。お供えしてやってくれよ。……もうあのかわいい目にはお目にかかれないのか……」

そう言うと、ご主人は顔を伏せて半ば強引に私にリンゴを渡してくれました。

「ありがとうございます。ボブもきっと喜びます」

「おう」

店内からご主人を呼ぶお客さんの声が聞こえ、ご主人は再び私たちに目を合わせることもなく「じゃあな」とだけ言って店内に駆け込んで行きました。きっと涙があふれているのを見られるのが恥ずかしかったのでしょう。

そして最後、家に向かう道にさしかかるところで私たちは進むのを躊躇しました。道の先には小さな畑があるのです。ボブが軍手をむしり取ってボロボロにしてしまって、何度も謝りに行ったあの農家のおばさんの家がある畑です。私たちにとってはあまり思い出したくない出来事でした。実際、ずいぶん前からボブの散歩コースでもなくなっていたのです。

「あら、そこのお姉ちゃんたち」

声がした先を見ると、忘れたくても忘れられない、あの農家のおばさんが立っていました。

「お姉ちゃんたち、あの茶色い大きなワンちゃんの飼い主さんよね。ほら、そうだわ、間違いないわ」

「あ、はあ。どうも」

「今日は、あのワンちゃん一緒じゃないのかい？」

私はボブが亡くなったことに加えて、その節の無礼を改めて深くおわびしましたが、おばさんはキョトンとして言いました。

「無礼？　迷惑？　何がさ？」

「いつも軍手を……」

「ああ、反対、反対。新しいのを持ってきてもらっちゃって、こっちが心苦しかったくらいよ。いいって言うのにさ。しかも最初のなんて、もう真っ黒で穴なんて開いちゃって捨てるような軍手だったしさ。でもそっかぁ、亡くなったかぁ。寂しいねぇ。私の軍手をおもちゃにして遊んでいたかわいいワンちゃんだったのにさ。何度かね、遠目で見かけたことがあって。ああ立派なワンちゃんになったなぁって思っていたんだけどね」

「そうなんですね」

「でもワンちゃんてすごいわね」

「……？」

「だってあのワンちゃんがいなかったら、私はお二人を呼び止めていなかっただろ。普通ならこんな他人同士、口をきくなんてないけど、ワンちゃんが間に入ると仲よくなれるんだからさ」

「そうですね」

私は目に涙がにじんでくるのを感じました。

「ワンちゃんはうそつかないから、私たちもうそつけなくなるんだね。だからこうして笑顔になれる。亡くなってからも、こうして私たちに立ち話をさせてくれるワンちゃん。いいワンちゃんだった証拠だね」

その優しい言葉に姉と顔を見合わせ、大きくうなずきました。そしてしばらくおばさんとボブを懐かしみ、やがて2時間の散歩は終わりました。自宅に戻った私たちはお仏前にリンゴをお供えすると、晩ご飯の支度をしながら話し始めました。

「ただ歩いているだけだと思っていたのに、けっこう愛想を振りまいていたんだ」

姉が感心したようにつぶやきました。

「人気者だったみたいね」

「意外ね」

「本当」


花が大好きだったボブ。素直に町の人たちに接したボブ。だから私たちは道端に咲く花に目を留めて美しいと思えるようになったのかもしれません。本当なら話すことはもちろん、出会うこともないような人たちと言葉を交わすこともできたのでしょう。姉の目には涙が光っていましたが、きっと気持ちは少しもどんよりとしていなかったと思います。私の顔も涙でくしゃくしゃでした。私たちはお互いの涙を見ながら、笑顔になりました。

「ボブ、私たちのところへ来てくれてありがとう」

私は思わずそうつぶやきました。

「お姉ちゃん、次はタンポポが綿帽子をつけ始めたころに散歩したいね」

その後の食卓では、家族そろってボブの話をしながら、久しぶりに心から笑って、おいしい晩ご飯を食べることができました。

第3話

犬がつないでくれた縁

三浦健太より

犬はうそをつかない生き物

犬には裏表がありません。裏がなく、取り繕うこともない行動は、私たちに安心感を与え、だからこそ、私たちは犬といると思わずほほえんでしまうのです。犬は、人間に媚《こ》びを売ったり、受けを狙ったりしなくても、私たちに十分な感動を与えてくれます。

犬と人間では、コミュニケーション方法に大きな違いがあります。人間は、何かを伝えるときには言葉を使います。言葉は、昔のことや、遠い国の出来事など多くのことを細かく表現できる優れた道具のひとつですが、大きな欠陥があります。それは、「うそ」をつけることです。私たち人間は、言葉を利用している限り、絶えず聞こえてくる言葉が真実かうそかを判定しなければなりません。幼いころから判

定をし続ける生活は、簡単に人を信用できなくさせます。

人間とは違い、犬は言葉を使いません。犬は言葉の代わりに「におい」を駆使します。最近の研究では、犬は単に優れた嗅覚だけでなく、「におい」で感情などを読み取る力があることがわかっています。「いいにおい」とか「フルーティーなにおい」だけではなく、「やる気のあるにおい」や「落ち込んだにおい」も判別できるといわれ始めました。もちろんにおいは、言葉のように細かなことは伝えられませんが、においによってほかの犬とのコミュニケーションをはかっていると思われるのです。この伝達方法の最大の利点は「うそがない」ことです。人が素直に愛犬に心を寄せられる要因のひとつが、そのことかもしれません。犬の動作や表情にはうそがないのです。だからこそ人間同士ではなかなか打ち解けられない近所づきあいであっても、間に犬が入ると簡単に交流することが可能となります。犬は人間の持つ欠陥を補ってくれる要素満載の動物なのかもしれません。

第4話

最期の6日間の絆

ラッキー

ラブラドールレトリバー。やんちゃな甘えん坊。

ラブラドールレトリバーのラッキーを飼った田島《たじま》さんの話

僕は子どものころから動物が好きでした。遊園地より動物園。地域行政が運営するような小動物にさわらせてもらえる動物園には、家が近所だったこともあって、モルモットやアヒル、山羊などをさわりに小さいころから行っていました。さわっているときに、動物と目が合うと「ああ、心が通っているな」という気持ちになって、動物が自分のもとから離れていくまで、母もあきれるほどなで続けていました。

犬に興味を持ったのは、高校生のころでした。学校からの帰り道、信号待ちをしていたときに、一頭の犬が目に入りました。視覚障害者とともに歩く盲導犬でした。飼い主の足元にピッタリと寄り添って信号が変わるのを待つ姿がかわいらしくて、僕はなでてあげようと思って手を伸ばしました。

「さわってはいけないよ」

　そばにいたおじさんが声をかけてきました。僕がハッとして手を戻すと、そのおじさんは、

「ああやって、休んでいるように見えるだろう。でも、あの子は、今、仕事中なんだ」

　と教えてくれました。

「全然動きませんよ。何をしているんですか？」

「あははは。本当のところ、私にもよくわからないんだ」

　おじさんは高らかに笑うと、こう続けました。

「実は私もこの前、なでてしまってね。その時、あの飼い主さんに注意されたんだよ。あの犬は休んでいるように見えるけど、飼い主さんに何かあったときには、さっと動けるように、常に準備しているんじゃないかと思うんだよ」

「準備ですか？」

「盲導犬って、わが身を呈して飼い主さんの安全を守るらしいんだ」

「だから、気持ちをそらすようなことをしちゃいけないんですね」

「うん、たぶんね。盲導犬と飼い主さんは心が通じ合ってるんだろうね。だからじゃましちゃいけないないんだよ」


僕はその後、大学を出て不動産関連の会社に就職しました。仕事にも慣れてきたころ、犬との生活を考え始めました。休みの日に、動物を見に行ったり、触れ合ったりするのもいいのですが、やはり動物が生活の中にいるという体験をしてみたいと思っていたのです。ウサギやハムスターも当時人気でしたが、僕はやはり意思疎通がはっきりとできる犬一択でした。入社して4年目。ついに犬を飼う決心をしました。

住居は両親と同居の一軒家でしたので、どうせなら大型犬がいいなと思い探していたところ、一頭の犬にビビビッときたのです。その子はラブラドールレトリバーのメス。不意に高校時代に出会った盲導犬を思い出しました。

「このコとなら、十分に心を通わせられそうだ」

僕は「ラッキー」と名づけました。愛犬との出会いは、自分や家族に幸せをもたらしてくれるんじゃないかと思ったので、その名をつけたのです。

「しかし本当の幸せは、待ってても来ない。まずはしっかり犬のお世話をしなくちゃな」

僕は犬の健康に関する書籍やしつけについて書かれた書籍、さらにはネットの動画も見あさって勉強に明け暮れました。それにしても犬を育てるって奥が深い。勉強しても勉強しても、さらに学ぶことがある。つくづくラッキーを飼う前に、宅建に合格しておいてよかったと思いました。宅建とは、不動産に関わる国家資格です（国家資格の中では比較的合格率が高いとされていますが、学生時代の試験勉強とは違って、仕事をしながらの取得なので大変でした）。

こんなかわいいヤツが家にいては、到底、宅建の受験勉強なんてできなかったでしょう。実際、仕事以外のすべての時間をラッキーのために使っていました。子犬時代には室内トイレの仕方を教えて、道を上手に並んで歩く「ツケ」や「オスワリ」「マテ」などすべて独学で教えました。しつけだけではなく、爪切りから歯磨きといったお

手入れもすべて自分でできるようになりました。

「仕事も大変なんだから、お手入れなんかはプロにまかせてしまえばいいんじゃない？」

とよく母から言われたのですが、やはりラッキーを飼った一番の理由は、「心を通わせたい」の一言に尽きるわけで、ささいなお世話も自分でやってあげたかったのです。そういうところから心は通うものだと思うのです。そのかいあってか、ラッキーとの散歩で出会う人たちともすぐに仲よくなれました。しつけやお手入れの話をする中で、僕の評判は高くなり、「町内で犬に一番詳しいお兄さん」「相談したら答えてくれるアドバイザー」なんてちょっと照れくさい称号ももらいました。犬友以外に、多くの子どもたちからも声をかけられるなど、ラッキーとの散歩は本当に楽しいものでした。

そしてラッキーはとびっきりのラッキーを運んで来たのです。

「田島先輩、ワンちゃんを飼ってるんですか？」

職場の後輩の女性からいきなり声をかけられました。

「その待ち受け画面」

「ああ」

「私も大きいワンちゃんが好きなんですけど、賃貸マンションだから絶対ダメで」

「賃貸マンションじゃ小さいのもダメだろうけどね」

「そのワンちゃん、なんていうお名前なんですか？」

「ラッキーだよ」

「ラッキーちゃんか。ねえ先輩、ラッキーちゃんのお散歩、一緒に行っちゃダメですか？」

そうして、僕と彼女は一緒にラッキーの散歩に行くようになりました。

第４話

最期の６日間の絆

「あれ、田島さん！　ラッキーだけじゃなく、かわいい彼女さんともお散歩かい？」

「ひとり者が犬を飼ったら結婚できないって言うけど、犬がきっかけでのラブラブもあるんだね」

と犬友にもひやかされました。

僕らはやがて結婚しました。ラッキーが結んでくれたご縁でした。

そんなある日、近所に住む高齢の犬友と立ち話をしていたときのこと。

「ラッキーちゃんは頭がいいんだ。私は訓練競技会に出してみたらと思うんだけどね」

「訓練競技会ですか」

「頭のいいワンちゃんが集まって、技を競うんだけどね。優秀な警察犬も登場するんで、見ているだけでワクワクするんだよ」

「警察犬ですか……」

「一般のワンちゃんも交じってるんだけど、これがまた、なかなかやるんだよ。ラッキーちゃんが出たら、応援しがいもあるんだけどね」

ちょっと興味が湧いてきて、調べてみたら隣町で来月開催されるとのことでした。参加費はかかるものの、どんな犬でも参加できると書いてありました。

「ラッキー、どうだろう？　おまえなら表彰台に立てるかもしれないぞ」

「おもしろそうじゃない。私も応援するよ。ね、ラッキー、やるわよね」

妻も賛成してくれましたが、ラッキーはなんのリアクションもしませんでした。

「あら、どうしたのラッキー、嫌なの？」

第4話
最期の6日間の絆

「きっと競技会って言葉も、表彰台が何かもわからないんだよ。初めて聞く言葉だろうからね。まあいっか。参加しような」

僕は訓練競技会へのエントリーを決め、申し込みをしました。

1カ月後。訓練競技会の前夜。僕は興奮のあまり、まったく寝つけずにいました。当日の朝は2時間も早く会場に入って、まるで自分が大会に出るかのような心持ちでした。会場には地元以外にも県内各地や近県から100頭近い犬が参加していました。その多くはジャーマンシェパード。ラッキーと同じラブラドールレトリバーも数頭参加していました。ほとんどの犬がケージに入っていたのでその表情まではわかりませんでしたが、横に立っている飼い主さんたちは皆一様に緊張の面持ちでした。ちょっと怖いくらいに。

午前10時の開会式では審査員長の挨拶があって、さっそく競技に移りました。クラスは初心者の多いクラス1から最高位のクラス3まで、3つに分けられていて、僕らは当然、初心者のクラス1へのエントリーです。審査項目は「スワレ」「マテ」「コイ」「フセ」「アトへ」の5項目です。

「どれも毎日の散歩でやっていることだから問題ないな」

「ワン」

ラッキーが元気に吠《ほ》えます。

「そうか、ラッキーもそう思うか。もしかしたらクラス優勝したりして。どうする？」

僕らの出番は40番中16番目でしたので、あっという間に始まって、あっという間に終わりました。ラッキーはすべての種目をやってのけ、自信満々でオスワリして待っています。僕は表彰台で述べるコメントを頭の中に用意し始めていました。

やがてクラス1の全40頭の審査が終わり、ついに表彰式が始まりました。1位から順に呼ばれる形式で、僕はすぐに表彰台へ行けるように、前のほうに座って構えていました。立派な顎ひげをたくわえた審査員がマイクを手に第1位を発表しました。

「それではクラス1の表彰式を行います。優勝は大繁町《おおしげまち》の岩井拓也《いわいたくや》さんとジャーマンシェパードのジャック！　表彰台へどうぞ！」

「ああ、優勝は逃したか！　残念」

そうつぶやきましたが、内心では次かその次には名前が呼ばれるだろうと思っていました。

「第2位は、小崎町《こざきちょう》の山口真由美《やまぐちまゆみ》さんとラブラドールのチャッキー！」

「そうか、まあ初参加だしな。しかたないか。でもそれで入賞できれば十分だな」

ところが第3位も逃しました。結局僕らは40頭中18位でした。完璧にできていたのに。それは確かに飼い主のひいき目っていうこともあるかもしれない。でも18位というのはどうしても腑《ふ》に落ちませんでした。やがてすべての競技と表彰が終わり、会場の片づけが始まりました。僕は審査員の中の一人に勇気を出して聞いてみました。

「あの、すみません。私、初参加で18位になった田島と申します」
「ほお、初参加で18位ですか。大健闘ですな」
「ありがとうございます。でも全部できていて……なのに……その、どの辺が悪かったんでしょうか」

「なるほど。ちょっとお待ちくださいね」

その審査員は荷物の中から審査用のメモを取り出しました。

「うん。ラッキーちゃんね。確かに全部ちゃんとできていましたね。でも、ただできていただけでした」

「できていただけ？」

「コイと呼ばれたとき、あなたのところへは確かに行きました。でも走っては行きませんでした。それとスワレのときも後ろ足をそろえるのが遅かったですね。そのほかの項目でも機敏さに欠けていました。その辺かな」

確かに思い返してみると、表彰された犬たちは、緊張感を持って、キビキビと動いていました。それに対してラッキーは機敏さに欠けていました。

「何をそんなに落ち込んでるのよ。初挑戦で18位ってすごいって言われたんでしょ」

審査員とのやりとりを話すと、妻はそう言って僕の肩をたたきました。

「まあそうなんだけどね」

「ということは、ラッキーは筋がいいってことでしょ」

「そっか。そうだよね」

「それに一度や二度でへこたれるなんて、あなたらしくないわよ」


審査員からのアドバイスをもとに、次回の訓練競技会に向けての特訓が始まりました。毎日の散歩時間も倍増しました。さらに各地で行われた訓練競技会のビデオなども取り寄せ、日々の特訓に生かしていきました。ラッキーの成長ぶりには目を見張るものがあって、半年でほぼすべての項目を完璧にこなすようになり、1年後の訓練競技会では堂々の3位入賞を果たしました。すぐに初心者のクラスを脱し、クラス2でもたびたび表彰台に立つまでになりました。会場も近隣の場所から県内を経て遠征するまでになったのです。よく顔を合わ

せる人たちとの交流も生まれて、競技生活は充実していきました。気づけばあれから5年の年月がたっていました。

そのころにはラッキーの体力も落ち始め、僕も34歳。仕事で責任ある立場になったこともあり、競技会からの引退を決意しました。その後は僕にとっても、ラッキーにとっても穏やかな日々を過ごしていました。とはいえ、ラッキーの動きは常に俊敏でキレがありました。

さらに年月がたち、ラッキーはあと1カ月で17歳。そんな折、ラッキーは「がん」を発症しました。今まで病気らしい病気をしたことがないだけに、食欲が落ちて、日に日に悪くなる容態に僕も妻も右往左往するばかりでした。宣告からわずか1カ月で歩行も困難になり、寝たきりの生活となりました。獣医さんからも「もう、そう長くはないでしょう」と言われました。僕は残りの時間をラッキーに寄り添いたいと思い、会社に長期休暇を願い出ました。

ラッキーが横たわる部屋の壁には、ラッキーがわが家へ来てからの16年分の写真が飾られています。


「これは私が出会う前のラッキーね」

「やんちゃで甘えん坊だったなぁ」

「この写真、凛々しい」

「公園の人気者になり始めたころだな」

僕は目を細めて写真をながめました。

「これは訓練競技会に初めて参加したときね。この辺から顔立ちも精悍になっていくね」

「颯爽《さっそう》としている」

「庭で寝そべってる温和なラッキー。私はこの写真が好き」

「あれ……」

「ん？　どうしたの？」

「あ、ううん、いや、なんでもない……」

僕はラッキーの写真を見ながら、あることに気づきました。成長とともに、ラッキーの顔は凛々しく精悍になっていっているのですが、同時に優しさが失われていっているのです。優しい顔をしているのは2歳くらいまでで、僕とラッキーが絆を深めていった共同作業、そのかけがえのない時間の中で、笑顔が次第に消えていっている……。

「うそだろ……。僕は間違った16年を過ごしてしまったのか？」

僕は横たわっているラッキーに話しかけました。

「ラッキー、おまえは幸せだったかい？　僕はおまえと心がつながっていたと思っていたけど、おまえは本当はどうだったんだい？　僕は間違っていたのか？　ラッキー……」

話しかければしっぽを振って答えてくれたラッキー。でも今はもう、そのしっぽが動くことはありません。何を聞いても、何を話してもラッキーはただそこにじっと横たわっているだけでした。

そんな状態から2週間が過ぎたころ、ラッキーの容態が変わりました。それまで夜はぐっすり寝ていたラッキーは、3時間おきに目を覚まし、「クゥーン」と大きな鳴き声を上げるのです。苦しそうな切ない鳴き声。やがて声とともに首筋を大きく後ろへ反らすようになり、見ているのがつらくなりました。

たまらなくなり動物病院を受診すると、獣医さんからは「痛みでしょう。薬を出しておきますので、苦しがったらすぐに飲ませてあげてください」と言われました。

しかし、薬も効果は持続せず、数日後にはまたあの悲しげな声を出しながら首を後ろに反らせるのでした。

「ラッキー！」

僕は思わずラッキーを力いっぱい抱き締めました。

その途端、不思議なことが起きたのです。あれほど苦しがっていたラッキーの力がふわりと抜けて、反り返った体は元に戻り、目を閉じ、僕に甘えるように寄り添い、静かになったのです。寝息だけが聞こえてきました。

「ラッキー……」

3時間おきに襲ってきていた痛みも、僕の腕の中では消えてなくなっているかのようでした。苦しくて目を覚ましても、ギュッと抱き締めてやると、表情は優しくなり、おとなしくまた眠りに就きます。

この長い付き添いは6日間続きました。そして7日目の夜、ラッキーは僕の腕の中でその生涯を閉じました。

「お疲れさま。ラッキー、お休みなさい」

妻が僕の腕の中のラッキーの頭をなでます。

「ラッキー、ありがとな」

僕は最後にもう一度、ラッキーをギュッと抱き締めました。

ラッキー、大切な時間をともに過ごせたことは、僕の宝だよ。ともに遊んで、ともに戦った。でも僕とおまえとの最高の時間は、この最期の6日間だった気がするよ。

第４話
最期の６日間の絆

三浦健太より

犬が望むのは最愛の飼い主の笑顔だけ

人間は比較するのが好きな動物だと思います。好きというより、比較なしでは生きていけない生き物かもしれないと思うほどです。子どものときから試験という名の採点制度で他者と比較され、その後も就職、地位、資産、権力と、すべて周囲と比較されます。比較は範囲を選ばず、やがては容姿やセンスにも及びます。時に褒められ、羨望を受け、時にさげすまれ、侮辱され、落ち込んだりもします。不安定な比較という基準の中に生きている人間の感情は不安定で、情緒も乱れがちです。比較の中で自分を高水準に維持するためには、周囲の人や世間の評価が重要となります。

この話の中で主人公の田島さんは、近所の人たちに好かれ、次に表彰されることを望み、愛犬とともに16年という年月を過ごしました。この16年を愛犬の側から見ると、ラッキーが自ら近所で評判の犬になりたがっていたわけではなく、競技会で表彰されることも一度も望んでいなかったはずなのです。ラッキーが望んでいたのは、最愛の田島さんの笑顔であり、自分とともに喜び、幸せな日々を過ごしてくれることだったのです。

その思いは、生涯一度もぶれることはなかったのだと思います。食べられなくなり、歩けなくなり、眠れず、痛みに耐えているときでさえ、その心はぶれないのです。私たち人間は、比較しない生活はできません。世の中の仕組みもシステムもそうなっているからです。でも「生きる価値」や「愛する心」といった生き物の基本的な心のあり方を他人の目や評価に惑わされるのは、ややつらいことだと感じます。自分の心の奥底を見つめ、自分の本当の幸せを見つめ直すことをラッキーは教えてくれたように思えます。

第5話

飼い主としての責任

マメ

チワワ。愛くるしい顔で周囲を幸せにする。

チワワのマメを保護した中沢《なかざわ》さんの話

私は犬の保護の仕事を始めてからもう8年になります。飼い主さんが年を取って、散歩などの面倒を見られなくなったワンちゃんの保護が主な仕事内容です。ほかにも事故や病気で飼い主さんが亡くなってしまった場合も同じく保護をしています。

ある日、私のもとへ鈴木《すずき》さんという方が訪ねてきました。鈴木さんは訪問介護のヘルパーさんで、鈴木さんがお世話をなさっている立花《たちばな》さんという80代の男性についての相談でした。立花さんは既に足が弱っていて、一人ではお風呂にも入れないそうです。週2回、鈴木さんが入浴のお世話や部屋の片づけのほか、ワンちゃんの散歩もされているとのことでした。規約の関係で週2回の散歩しかできないのですが、それが少なくないかという相談でした。

第5話
飼い主としての責任

「立花さんは、家族のいないひとり身で、その寂しさからチワワを飼っているんです。マメちゃんていうんですけど、もうかわいくてしかたないようで、朝起きてから夜寝るまでずっと一緒なんです。あっ……寝ているときも一緒みたいですけどね。だからマメちゃんにはずっと元気でいてほしいんですけど、散歩には週2回しか連れていってあげられないから、心配で……」

鈴木さんの話を聞いて私も心配になり、鈴木さんと一緒に立花さんのお宅を訪問することにしました。

立花さんの家は比較的広く、チワワのような小型犬なら走り回れるスペースが家の中でも十分にありました。

「私、ひとり身の寂しさからマメを飼ったんだけどね、散歩に連れていけないのが申し訳なくてね。でも家は広いから走り回れるでしょ。ヘルニアになったときにね、本格的に動けなくなったらまずいぞって思って、家財道具を含めていろいろ処分したんですよ。あの時、部屋を広くしておいてよかったなとつくづく思いますよ」

そう話す立花さんの周りをマメが元気に走り回っているのを見て、私はひと安心しました。

ところが、鈴木さんはまだ心配顔です。

「それでもね、やっぱりお日さまの光を浴びてのお散歩は大切でしょ。ずっと家の中だなんて絶対に健康に悪いもの。だから週に2回の訪問時に、立花さんとマメちゃんと、おうちの周りだけですけど10分くらいお散歩するんです」

「そうですか。マメちゃんもお二人にいろいろ考えてもらって、きっと喜んでいますよ」

「そうですか。ならいいんだけど」

「大丈夫です。ちゃんと愛情は伝わっていますよ」

第５話

飼い主としての責任

鈴木さんが目をかけているおかげで、マメ自身に問題視しなければならないようなところは特にありませんでした。

「そうですか。ホッとしました。やっぱり先生に相談してよかったわ」

「また何か困ったことがあったら教えてくださいね」

それから数カ月して、鈴木さんがまた訪ねてきました。

「ご無沙汰しています。どうされたんですか？」

「また、あの立花さんのことなんですけど……。どうもマメちゃんにご飯をあげていないみたいなんです」

「え!?」

私は思わず大きな声を出してしまいました。

「実は立花さん、認知症みたいで。前々からちょっと兆候を感じてはいたんですけど、ここしばらくで急激に物忘れがひどくなっていて」

私は鈴木さんに請われるがまま、すぐに立花さんのお宅へ向かいました。

「立花さん、お久しぶりです。お元気でしたか？」

「えっとぉ……どちらさまでしたでしょうか？」

「いやぁね、立花さん。ワンちゃんに詳しい中沢先生よ」

鈴木さんがすかさずフォローします。

「はあどうも、初めまして。で、今日は？」

「鈴木さんに、かわいいワンちゃんがいるからって言われて、見に来たんですよ」

「そうでしたか、それはそれは。マメ！　マメ！」

しかし呼んでもマメは出てきませんでした。

「おかしいな」

第５話

飼い主としての責任

そう言って立花さんはゆっくりと立ち上がり隣の部屋へと向かいました。障子を開けた向こうに、マメがぐったりと横たわっていました。

「先生！　マメが！」

立花さんに聞いても、マメの状況に関してなんら心当たりがないと言います。鈴木さんは台所のドッグフードの箱を見て、驚いた表情をしました。

「きっとご飯をあげてないんです。私が３日前にこれをあげてから、中身が

減ってないんです」

「そんなことはない！　ご飯は毎回しっかり食べさせている！」

立花さんがあまりに強く言うものですから、それ以上は問い詰められず、ご飯をマメの前に出して帰ることになりました。


それから2カ月。鈴木さんの報告では、マメはさらにやせ細って、おなかの骨も浮き出てくるほどになっているということでした。鈴木さんは、これ以上放っておいたらマメが死んでしまうと思い、誰かに引き取ってもらうことを立花さんに提案したのですが、まったく取り合ってくれなかったそうです。それどころか……

「そんな必要はない！　マメは俺のたった一人の家族だ！　誰にもやらん！」

「でも見て、これ以上ご飯あげなかったら本当に死んじゃう！」

「出て行け！　マメにさわるな！　マメは俺の子だ！」

第5話
飼い主としての責任

二人のそんなやり取りを鈴木さんから聞いて、私は居ても立ってもいられず、鈴木さんと一緒に立花さんのお宅に伺うことにしました。

前回あれほど言い争ったことなどすっかり忘れていて、立花さんは私たちを笑顔で迎えてくれたのですが、しばらくするとまたマメのことで言い争いになるのです。


帰り道、鈴木さんは私にとんでもない提案をしました。


「先生、マメちゃんを里親に出すんじゃなくて、健康診断っていうことにして連れ出したら助けられるんじゃないかって思うんです。そのあとは検査結果が出るまで入院ですって言ってから……」

「ちょ、ちょっと待ってください。うそをついて引き離すっていうことですか？」

「そんな引き離すだなんて人聞きの悪い！　でも……まあ、そういうことになりますけど」

そこで鈴木さんは詳細な計画を提示してきました。

「まずはじめに、白衣を着たお医者さん。これは中沢先生の役です」

「えっ？　私がお医者さんに変装するんですか？」

「そういうことになります」

鈴木さんは私の戸惑いを無視して話を先に進めます。

「動物病院の健診ということで、一時預かりをして、もしなんらかの病気が見つかったら治療を行うと言って引き取ってください」

「はい……」

「立花さんはおそらく2～3日もしたらマメのことを忘れてしまうと思うんです。でも時折思い出すので、その場合にもすぐには引き渡さないようにします」

「……」

「たまにマメの写真を撮っておいてください。それを私のスマホに送っていただければ、もしもの時に、病院で頑張っているからって見せてあげられます」

たとえ相手が認知症だとわかっていても、うそをつくことには気が引けました。けれどマメをこのままにしておいたら死んでしまうかもしれないと思うと、そのほうが心が痛みます。

「わかりました。協力しましょう。マメちゃんのために」

「中沢先生、よろしくお願いしますね」

約束の日、私は車で立花さんのお宅まで伺いました。私が呼び鈴を鳴らすと中から鈴木さんが出てきました。

「あっ！　動物病院の方だ！　立花さん！　動物病院の方がいらっしゃいましたよ〜！」

「これはわざわざすみません。どうぞ、どうぞお上がりください」

通された先に横たわるマメは想像以上にやせ細っていました。やはりこの計画に乗ってよかったと思いました。私はマメを抱き上げて立花さんに言いました。

「ではお預かりしますね。大丈夫ですよ、検査はそう長くかかりません。でも何か問題が見つかれば、そのときには少々お時間がかかるかもしれません」

「わかりました。先生、マメをどうぞよろしくお願いいたします」

立花さんの顔はみるみるうちにどんよりと暗くなっていきました。最愛の、たった一人の家族と別れるのです。やりきれない寂しさでいっぱいなのはしかたないでしょう……。

第5話

飼い主としての責任

「大丈夫、大丈夫。ちょっとの間なんだから。立花さんもマメちゃんが病気になったら嫌でしょ。ちゃんと見てもらって、安心してまた今までどおり一緒に暮らせばいいんだから」

鈴木さんのさばさばした対応に感心しながらも、飼い主さんに対して私たちはうそをついているのだと思うとやりきれない気持ちでいっぱいになりました。つい本当のことを言ってしまおうかと思う自分もいて、心が痛みました。しかしそんな迷いを吹き飛ばすかのように、鈴木さんはテキパキとマメが出かけるための準備を整えているのです。

「鈴木さん……」

私は「やっぱりやめましょう」と口に出しそうになりましたが、鈴木さんは振り向きざま、ニッコリ笑って親指を立ててきました。マメを抱いたまま立ち尽くしていると、鈴木さんは「急いでやりましょう（早く終わらせましょう）」と言わんばかりに目配せしてきました。私は意を決してケージにマメを収めて家を出ました。すると、立花さんがおぼつかない足取りで私のところへやってきて、

「先生！　よろしくお願いします。私の大事なマメをよろしくお願いします。マメは私のたった一人の身内なんです。とにかく、よく診てやってくださ い！」

立花さんは涙ながらに訴えてくるのです。私は言葉も出ず、ただうなずくしかありませんでした。発車する車のバックミラーにはただ立ち尽くして見送る立花さんの姿が映っていました。そしてその姿が今でも私の瞼《まぶた》の裏に焼きついています。立花さんの生活はどうなってしまうんだろうと思いました。

第5話

飼い主としての責任

それから2週間。私は鈴木さんに近況を伺おうと電話をしました。

「その後、立花さんはいかがですか？　マメちゃんに会いたがっていませんか？」

「ええ。大丈夫ですよ。あの日はね、さすがに元気がなくてご飯も喉を通らなかったようですけど、まあ今ではまるで前々から犬なんていなかったかのような暮らしぶりです。でもたまにね、マメはどうした？って思い出すことがあってね。そんな時は、今は病院で治療中でしょって。だから立花さんもリハビリ頑張ろうねって。そうだったなぁってちょっと寂しそうにしますけど、またしばらくすると何もなかったみたいにテレビ見て笑ってますよ」

私は少し安堵して、認知症の進行を鑑みると、私たちがついたうそも決して悪いものではなかったなと思えるようになっていきました。保護されたマメはもう、すっかり元気になっていました。

「それでね、先生。認知症といっても、心はまだまだ元気なんでね、今度、私の家で飼っている犬を連れていこうと思うんですよ」

「えっ？」

「どっちにしたって犬好きではあるわけだから、ワンちゃん見たら、それはそれで元気になると思うんですよね。よかったら先生も見に来ませんか？」

私はそれが立花さんを変に刺激するのではないかと不安になりましたが、認知症に関しては鈴木さんのほうが経験豊富でしょうから、そういうこともあるのかと思い直しました。

鈴木さんが連れて来た犬はなんと大型犬でした。ゴールデンレトリバーで体重も30キロはあります。マメのざっと10倍以上ある大きさでした。こんな全然

第5話
飼い主としての責任

違う犬を見て立花さんは喜ぶんだろうか？　怖がりはしないんだろうか……？

「大型犬なんですね」

「ああ、大丈夫ですよ。うちのスージーはおとなしいし、人が好きだから。立花さんもすぐに友達になれますよ。ずいぶんワンちゃんにさわってないから、喜ぶんじゃないかしら」

　呼び鈴を押すと立花さんがゆっくりと出てきました。立花さんは以前と比べて話す言葉にも表情にも生気がありません。背中も心なしか丸まってきているようです。

「今日は、先生と犬を連れてきたよ」

　と言って、鈴木さんは自分の家のようにずんずんと部屋に上がり込んでいきました。立花さんは痩せた顔に笑みを浮かべ、嫌がるそぶりもなく大型犬のスージーをなで始めたのです。立花さんはそのままソファーに座って、スージーを抱きかかえるようにして話しかけました。

「おー、マメ。やっと帰って来たのか、マメ。病気、大変だったな。寂しかったよ。そっか、そっか、やっと戻ってこられたんだな。うん、よかったよかった」

スージーは2時間もなでられながら、「マメ」と呼ばれ続けました。スージーは違う名前を呼ばれながらも、嫌な態度を取ることもなく、目を細めて立花さんに寄り添ってくれていました。そこにいた誰もが幸せを感じた2時間になりました。

「じゃあマメちゃん、リハビリはおしまいね。立花さんとはバイバイね」

そう鈴木さんが言うと、立花さんの表情が急に曇りました。

第５話
飼い主としての責任

「立花さん、今日はよかったね、元気なマメちゃんに会えて」

「そうだな」

「またリハビリに来るからね。それまでお互いに元気でね」

それからはスージーを、鈴木さんが立花さんの介護に入るときには必ず連れていったそうです。

鈴木さんにしてみれば、立花さんはスージーとずっと一緒にいてくれるから仕事がはかどり、行き帰りがスージーの散歩にもなるので一石二鳥だと喜んでいました。そんな介護生活が３カ月続いたそうです。

そんなある日の午後、鈴木さんから急に電話が入りました。

「中沢先生……マメちゃんの譲渡先を探してもらえますか？」

「マメちゃんのですか？」

「立花さん、心臓が悪くて、しばらく入院していたんですけど、昨夜容態が急変して先ほど亡くなられました」

「そんな……」

「最後は特に苦しむこともなく、穏やかに亡くなったそうです」


3カ月ぶりの立花さんとの再会は、町の外れにある葬儀場でした。お焼香を済ませて出てくると鈴木さんがスージーを連れて門のところに立っていました。

「本当にこれでよかったのか……たまに悩むことがあります」

私は鈴木さんに打ち明けました。

「よかったんですよ。マメちゃんは元気になった。立花さんはたった一人の家族の命を守れたんです」

鈴木さんは力強く断言しました。

「それにウチのコも立花さんにいっぱいかわいがってもらいました」

「三方よしですね」

私は自分自身を納得させるようにつぶやきました。

「私たちもじゃないですか？　私たちも幸せをもらったじゃないですか」

「そうですね。うん、今しっかりと幸せを受け取りましたよ」

「そう言ってもらえてよかった」

鈴木さんの意外な言葉でした。

「だって先生、マメちゃんを引き取るとき、本当につらそうなお顔をしていましたから。だから実は私もつらくて、つらくて。でもあそこで頑張らなかったら、みんな不幸になる。それだけは、どうしても避けたかったんです。……ありがとうね、先生」

「鈴木さん……」

鈴木さんがお気楽な人だと思っていた自分の浅はかさが悲しくなりました。

「鈴木さん、いろいろ考えてくださり、ありがとうございます」

「中沢先生も、いろいろお手伝いしてくださってありがとうございました」

私は車で鈴木さんとスージーを家まで送ることを申し出ました。

「いいんですか！　じゃあマメ、先生の車に乗せてもらおうか！」

「えっ？」

「ああ、この子、マメっていう名前になったんです」

私は驚きのあまり言葉が出てきませんでした。

「立花さんにずっとマメ、マメって言われてなでてもらって。私がマメって言ってもしっぽを振るんです。どうやらスージーよりマメのほうが気に入ったみたいで。おかしいでしょ、こんなに大きいのにマメだなんて」

私たちは笑いながら涙が止まらなくなって、しばらくそのまま話し込んでいました。

第5話

飼い主としての責任

その後、立花さんのマメは新しいお父さんとお母さんのもとへ引き取られていきました。

三浦健太より

自分の身に何かあったときのために……

近年は、子どもが独立したあとに犬を迎える家庭が増えてきました。犬の寿命は短いといいながら健康であれば15年以上は生きます。その間に飼い主さんが亡くなってしまったり、病気にかかり長期入院などということが起こらないという保証はありません。病気にならないまでも、足腰が弱くなったり筋力が低下したりして、毎日のお散歩やお手入れがつらくなることもあります。だからといって、犬と暮らす資格がないとは言いきれません。やっと落ち着いて日々を過ごせるようになった高齢者にとってみれば、愛犬のいる生活は励みにも生きがいにもなり得ます。愛犬との散歩がいい運動になっていて、20年間風邪ひとつひいたことがないという方もたくさんいます。「病は気から」ということわざもあるように、自分を頼りに生活

を委ねてくる愛犬の面倒を見ることで、責任感が生まれたり、達成感を味わえたりします。犬を「かわいい」と感じることが、幸せホルモンの分泌まで促してくれるといわれています。

大事なことは、先々を考えて飼わないことではなく、万が一、自分の身に何か起こったときの対策を練っておくことなのです。家族、親戚、友人、隣人、趣味の仲間などの中から、万が一のときには愛犬を引き取り、大事に育ててくれる人を探しておきましょう。できれば、犬と暮らし始めるまでには、決めておくべきなのです。

そのうえで、人生の終盤に、健康的で幸福感に満ちた時間を過ごすことは、最高の喜びといえます。

第6話

昔の記憶

ジョイ

エアデールテリア。明るい性格。ボール遊びが好き。

エアデールテリアのジョイを飼った中村《なかむら》さんの話

僕が飼っている犬はジョイ。エアデールテリアのオスです。エアデールテリアの寿命は10歳から12歳といわれているので、ジョイは超長寿ということになります。ジョイはなんと今18歳。ただ半年前から、立ち上がることができなくなりました。でも僕はジョイの介護を楽しんでいます。

最初の不調は餌やりのときに気づきました。口の中をもごもごさせて、食事を取りづらそうだったのです。高齢で歯が抜ける兆しだと思っていました。ただ口の中を見ても、抜けそうな歯は見当たりませんでした。治りが遅すぎると思い、僕はかかりつけの動物病院へとジョイを連れていきました。

動物病院での検査結果は下顎にできる「がん」でした。先生が言うには、できた箇所が悪く、手術をしても完治の可能性は低い。さらにほかの箇所への転移も考えられるとのことでした。最終的な見解は、年齢的にも進行は早くはないので、痛みを訴えるときにだけ薬で対応して、自宅療養がいいでしょうということでした。余命は３カ月……。

僕は妻と二人暮らしです。長男の海《かい》斗《と》と次男の賢《けん》斗《と》は、今は独立していて家にはいません。ジョイは次男が生まれて間もなく、わが家へやってきました。子どもたちと仲よく、そして明るく元気に育ってほしいという思いから、ジョイフルと名づけました。しかし次第に簡略化してフルネームで呼ぶことはなくなり、今では誰もが「ジョイ」と呼んでいます。

ジョイは明るい性格で、子犬のころはもちろん、成犬になっても遊ぶことが大好きでした。特にボール遊びが好きで、公園に行ったときはボールで遊んでとせがみます。僕がボールを投げるとジョイが走っていって、くわえて戻ってくる。僕は背中をなでながら褒めてやります。

「ジョイ、よくやったぞ！　よく頑張ったな」

ただその繰り返しなのに、どれだけやってもジョイが飽きることはありませんでした。ちょっとだけ意地悪をしてボールを僕の足元に置いたままにしておくと、それを鼻先でつついて「早く投げてくれ」と催促してくるのでした。

子どもたちが小さかったころは、みんなでボールを取り合って遊んでいました。男二人の兄弟はけんかが多いと聞きますが、ジョイを介して遊んでいたせいか、めったにけんかすることはありませんでした。それでもたまにけんかをすると、ジョイが間に入ってとんでもなく大きな声で吠えるものですから、二人は耳をふさいでそれぞれ別方向へと逃げていくのです。妻はジョイの頭をなでながら「よくやった、よくやった」と褒めちぎっていました。

兄の海斗が7歳、弟の賢斗とジョイが3歳のときのことです。そのころには海斗もボールの遠投ができるようになっており、その日も海斗がボールを投げ

第6話
昔の記憶

ていました。

「それっ！　取ってこい！」

ジョイは全力で駆け出し、ボールを追いました。その時、海斗が叫びました。

「ジョイ、マテ！！」

いつもはこのボールのやり取りを見ていただけの賢斗が、この日は、そのボールを取ろうと走り始めたのです。

海斗は初めて見る弟の好奇心に驚い

て、その気持ちを大切にしてやりたいと思い、「マテ」を言ったのです。

大きな声で突然動きを止められたジョイは、戸惑いながら海斗の言いつけを守って、その場に立ちすくんでいました。賢斗がボールを拾うと、海斗は止まっているジョイの頭をなでて褒めたのです。

「偉いぞ、ジョイ。よくやった！　いい子だ」

そしてその日から、ジョイはボールを追わなくなりました。海斗だけではなく、僕が投げても、妻が投げても、ボールの転がっていくほうを見てはいるのですが、以前のように追うことはしなくなりました。

「まあ、ジョイももう大人だし、こんなボールにはもう興味もないか」

僕はそう思って納得していました。

それから13年。海斗も賢斗も家を出て、僕と妻とジョイとの三人暮らしです。ジョイの下顎は徐々に腫れ上がり、その命の幕をあと3カ月で閉じようとしているのです。

僕と妻はジョイの介護を始めました。

「あんなにきれいな顔だったのに……」

妻は、日増しに顔の下半分が腫れ上がり変わっていくジョイを哀れんで見ていられないようです。痛みがあるのか、顔をすり寄せて甘える仕草も次第に減っていきました。

「ジョイ、痛いかい？　ごめんな、どうすることもできなくて。痛いときにはちゃんと言うんだぞ」

「クゥーン」

「そうか、痛いか、待ってろ、今、薬を……」

するとが手際よく飲み薬をスプーンでジョイにやり始めたのです。

「見ているのがつらくて、何もできなかったけど、それじゃダメだよね」

「うまいもんだ」

僕は感心して言いました。

「あなたのお世話の予行練習だから」

「ばか、早いよ」

「早くない。全然早くないよ。突然くるんだよ。ね、ジョイ」

ジョイは日々弱っていくのがわかりました。その都度、僕と妻は老犬介護を

学び、対応していきました。

「かたいものが食べられなくなったら、食べられるようにふやかす！」

「さらに食べられなくなったら、ミキサーにかける！」

「それでもダメなら水で溶く！」

さらに獣医さんから点滴のやり方を学び、必要な栄養を取らせるようになりました。

食事以外にも覚えることはたくさんありました。余命宣告から2カ月もするとオシッコやウンチを自力でできなくなりました。ネットで調べ、獣医さんを質問攻めにし、寝たきりでも排泄をさせられるようになりました。最初は怖くておなかを強く押すことができずに苦戦しましたが、徐々にできるようになり、ちょうどいい力かげんもわかってきました。

「ほら、これくらいの強さでウンチ、絞り出せるのよ」

妻はコツをつかんだようでした。

寝返りも打ちにくいのか、同じ方向ばかりを向いて寝ているものですから、肘や膝といった肉づきの薄い箇所は床づれを起こしてしまいやすく、定期的に寝返りを打たせてあげたりもしました。

介護のかいもあってジョイは余命と言われた3カ月を過ぎ、4カ月目に入っても生きていました。

「もう鳴くこともつらいだろうし、食べることもできない。もちろん、走って遊ぶこともできないけど、僕はこのままでもジョイに生きていてほしいと思うんだ」

「うん」

第6話
昔の記憶

妻もうつむきながら同意します。

「ジョイはどんなふうに考えているんだろうな」

「……」

「僕は、きみをいつまでも介護するよ」

ジョイはこちらを静かに見つめていました。僕は、もうずっとこのままでもいいと思っていました。

「ジョイ。もう立ち上がらなくていいよ。甘えなくたっていい。とにかく一日でも長く生きていてほしいんだ。口に入れたいものがあれば教えてくれ。遊びたいものがあれば言ってくれ。もう僕はきみに『ダメ』なんて言わないし、オスワリもしなくていい。呼ばれても返事なんてしなくていい。とにかく、生きていてほしい。それだけなんだよ」

僕は毎日、そんな言葉を、ジョイの耳元でささやいていました。
さらに1カ月が過ぎ、余命宣告から5カ月がたちました。
そんなある夜、ジョイの様子が変わりました。それまで静かだった寝息が荒い息づかいに変わり、胸を苦しそうに大きく上下させるのです。僕はジョイの死期が近いことを感じました。ジョイは最後の1秒まで全力で生きようとしているのだと思います。

「ジョイ！　ジョイ！　頑張れ、ジョイフル!!」

ジョイはもう僕のほうを見る余裕もないようで、ただただ苦しそうな息づかいを続けるのでした。僕はその最期を、楽しかったころの思い出とともに見届けようと思いました。初めてわが家へ来たときの戸惑っているような顔。僕が投げたボールを懸命に追いかけていたころ。海斗と遊んでいて、「マテ」と言われてじっとしていた姿。大人になって分別をわきまえるようになったころ。近所の皆さんに愛されて、さわられ続けた日々。いろいろな姿、いろいろな表情、いろいろなことが思い返されました。

「そうだ!!　待っててくれ、ジョイ！」

僕は慌てて物置から昔の宝物を探し出してきて、ジョイの前足にさわらせてやりました。妻はその突然の行動にポカンとしていました。

「どうしたの？」

「これだよ、これ。ね、覚えてる？」

僕は興奮しながら言いました。

「ああ、ジョイが好きだったボールね！」

「そう、子犬のころによく遊んだボールだよ。もうすっかりボロボロだけど、きっといつか思い出になると思って、とっておいたんだよ。ほらジョイ、懐かしいだろ」

しかしジョイにはそのボールを見るために目を開く力がありませんでした。そして僕の呼びかけに答えることも、しっぽを動かすことさえありませんでした。ただひたすらに苦しそうな呼吸を繰り返すだけでした。

僕はそのボールを、ジョイの鼻先に持っていきました。

「ほら、ジョイ、あの時のボールだよ、どうだい、懐かしいだろう……」

すると、ジョイの鼻がひくひくと動きました。そして荒々しい呼吸が静かに落ち着いていったのです。僕はいよいよ別れの時だと思い、大きな声で最後に名前を呼んでやりました。あのころ、ボールを投げて遊んだあのころのように。

「ジョイ！　取ってくるんだ！」

突然、ジョイの目はカッと見開かれ、しっぽは左右に大きく揺れ、前足はまるで走っているかのように空《くう》を切っていました。

「う、うそだろ！」

横たわってこそいましたが、まるで広場の中を走り回っているようでした。小さいころにボールを追ったあのころの表情を見せてくれました。

「ジョイ！　ジョイ！　そうだ、取ってくるんだ！！！」

思わず声をかけ続けました。ジョイはやがて腫れ上がってもう開かなくなった口を大きく開けてボールをかみました。そうです、僕が投げたボールに追いついたのです。そしてそのボールを僕の足元へ置いたのです。

「よくやったぞ、ジョイ！　ジョイ、よくやった。もう一回行けるかい？　行くぞ、ジョイ……ジョイ！　取ってくるんだ！」

そう言ってジョイの鼻先にボールを置き直すと、ジョイは再び前足で空を切り、颯爽と駆けだすのでした。そしてボールに追いつき、僕に渡してくれます。そんなやり取りを何度も何度も、何度も何度も繰り返しました。思い出のボールは、どんな薬よりも、どんな痛み止めの注射よりもジョイを元気にしてくれました。もしかしたらこのままジョイは元気になるのではないか？　やがて本当に立ち上がって再び走り出す日がやってくるんじゃないのか？　僕も妻も、こんな楽しそうなジョイの顔を見るのは本当に久しぶりで、うれし涙が止まりませんでした。そのボール遊びは10分にも及びました。妻もボールを取りに行くジョイを応援していました。

第6話
昔の記憶

「ジョイ！　頑張れ！」

「そうだ！　取ってこい、ジョイ！」

　ジョイはボールを僕の足元へ置いて、座っている僕と妻の膝に前足を当ててきました。僕らはジョイの前足を手に取って、握りしめました。

「偉いぞ、ジョイ！」

「よくできたね、ジョイ！」

　荒々しい息づかいもなく、疲れた様子もなく、むしろ楽しげな表情を浮かべて、久しぶりのボール投げを楽しんでいるようでした。そして……

「クゥーン」

とても満足そうな、甘え声を聞かせてくれました。それは懐かしい声でした。すべてがあの時のままで、僕らもあの時と同じように、ジョイの背中をなで続けたのです。そしてあの時と同じく言ってやるのでした。

「ジョイ、よくやったぞ！　よく頑張ったな」

ジョイは僕らの言葉を受け取って、まるでボールを追いかけたときのように、また足早に駆けていきました。しかし、今度は、僕らのもとへは帰ってきませんでした。どこまでもどこまでもボールを追い続け、そして遠くへ行ってしまいました。

「ジョイ、よくやったぞ！　よく頑張ったな」

第６話
昔の記憶

三浦健太より

犬は昔のことも ちゃんと覚えている

犬の記憶力はかなりいいようです。人間は視力や聴力を駆使して記憶しますが、犬はさらに、においでも記憶するといわれています。幼かったときに遊んでくれた人を、数年後大きくなっても覚えているのは、においによる記憶があるからだともいわれています。

私たちは、日々の暮らしの中で、昔あった出来事を忘れてしまうこともありますし、その時に何を思ったか、どう感じていたかなども忘れてしまいがちです。犬の嗅覚は、物理的なにおいだけでなく、その時々の感情の変化もにおいを覚えることで鮮明に記憶していると考えられています。私たちは、犬がしゃべれず、言葉も持たないことから、記憶も薄いか、物覚えが悪いのではと錯覚してしまいがちですが、

犬の記憶力は相当よいのです。記憶というのは、その犬が生きてきた証しであり、決して消すことができません。

しかも記憶は物ではないので壊れることも、燃えることもなく、盗まれることもないのです。消すことはできませんが、確かな財産となるのであれば、できれば数多くのよい記憶を残したいものです。

愛犬との確かな絆は私たちの心の中に確かなよい思い出を残せると思います。最愛の家族を亡くした悲しみから、愛犬との歴史を忘れるのではなく、むしろ愛犬との幸せな経験を心の財産として、ひとつ残さず思い起こし、心に留めたいものです。

第7話

犬は長生きしたいのか?

テツ

元保護犬。よその犬に勇敢に吠える番犬。

保護犬のテツを飼った渡辺《わたなべ》さんの話

「私は北海道の大自然を満喫する生活をしています」と言えばうらやましく思われる方もいらっしゃるかもしれませんが、「自然の驚異にさらされる生活」という言い方もあります。実際、わが家の子どもたちは三人とも大学へ行く段から都会を目指し、そのまま都会で就職をしました。今では妻と二人、のんびりと田舎暮らしを楽しんでいます。私の趣味は海釣りで、暇を見つけては近くの港の防波堤で小魚を釣っており、釣り仲間とともに船を借りて沖まで出ることもあります。妻の趣味はガーデニングで、季節の花々が道行く人を楽しませているようです。そして共通の趣味は愛犬の散歩です。

あの年の3月。私は妻と朝の情報番組を見ていました。速報で入ったニュースに私たちが住んでいる町の風景が流れました。暖冬のために少し早く目覚めたヒグマが餌を求めて町まで下りてきたというのです。幸い、わが家からは少し距離があるものの、妻は心配して怯えていました。ヒグマは体長2メートルを超え、体重も200キロはあるでしょう。性格はどう猛で牛や馬を襲います。もちろん、人間を襲うこともあります。北海道ではこれまで、何人もが命を奪われてきました。


「今年は早いわね」

「そうだな。暖冬とはいえ、餌の植物はまだまだ芽吹かないだろうし、下りてくる熊の数も今年は多くなりそうだな」

「怖いわぁ……」

「子どもたちや若い衆も町を出てしまったし、ご近所さんも足腰や目が悪い人ばかりだから心配だ」

「一人じゃ買い物にも出られないわ」


玄関から車までのほんの数メートルのところで熊に出くわしたとか、畑に出たら荒らされたあとだったなどの話も近所でささやかれ、私たちの心配は、日々募るばかりでした。そんなある日、私は町の掲示板に貼られたチラシを目にしたのです。犬の譲渡会のお知らせでした。

「今度の日曜日に役場前の広場で犬の譲渡会があるそうだ。よかったら一緒に行ってみないか？」

「犬？」

私のいきなりの提案に妻は驚いた様子でした。

「番犬だよ。強そうな犬がいたら、熊も寄ってこないと思うんだ」

「そうね、子どもたちもみんないなくなっちゃったし、ワンちゃん飼うのも悪くないわね」

「そんな、ワンちゃんだなんて」

「えっ？」

「そんなかわいいのじゃなくて、探すのは熊相手のザ・番犬だからね」

第7話

犬は長生きしたいのか？

ところが譲渡会へ行ってみると、かわいいワンちゃんばかりで、強面《こわもて》のたくましい犬は見当たりませんでした。

「かわいいワンちゃんたち」

妻は喜んで見て回っていましたが、私はがっかりでした。

「かわいいワンちゃんじゃ、逆に熊に襲われるよ」

「あら、嫌な言い方ね」

もう諦めて帰ろうとしたときでした。

「ウォーン！」

小型犬には出せない野太く大きな遠吠えが聞こえてきました。テントの周りのケージを見渡しましたが、それらしい大型犬は見当たりません。

「おかしいな……今の声……」

「ねえ、あれ！」

妻が指さすほうを見ると、テントの奥から、係の男性を引きずり倒さんばかりの勢いで、太い縄のようなリードでつながれた一匹の犬が駆け出てきました。どうやらオシッコをしたいらしく、広場の横の草地を目指して突進していきます。その犬は日本犬のようで、ちょうど秋田犬を少し小さくしたような体形です。小さいといっても、ゆうに20キロはありそうな立派な大型犬です。「ワフ、ワフッ」と荒い息づかいで、男性の係員さんを引っ張りながら草地へ走っていきました。近くで見ていた子どもは「ひゃーっ！」と言ってお母さんに抱きついていました。

第7話
犬は長生きしたいのか？

「いいね」

「たくましいわね。お散歩、連れていけるかしら？」

「そこはちゃんとしつければいいさ。ちょっと聞いてみよう」


私は係員さんに声をかけました。

「近くに行ってもいいですか？」

「ええ、どうぞ」

「大きな犬ですね。飼うのは大変ですか？」

「いいえ、大丈夫ですよ。……大丈夫なんですけど、人に対して甘えん坊なんですよ。大きいくせにすぐに飛びつくんで押し倒されたりするんです。それが怖いって思われないといいんですけど。小さいお子さんだと怖くて大変かもしれません」

「いや、押し倒すくらいのほうが。願ったりかなったりです」

「えっ？　もしかして気に入られましたか？」

「はい」

と私は即答しました。

「いやぁ、よかったなぁ、おまえ。……いや、実はほら、こんな強面でしょ。だからなかなかもらい手がなくて」


ようやく飼い主ができたことがわかったのか、私に前足を上げて抱きつき、口元をべろべろとなめてきました。


「ああ、すみません。こんな調子なもんですから……」

係員さんはすまなそうな顔をして謝ってきました。

「あらあら、お顔は怖いのに、こんなにかわいい甘えん坊さんなのね」

「はい。そう言っていただけると。でも子どもたちは泣きだすし、逃げだすし。あ、じゃあ、代表を呼んでまいりますね」

係員さんはテントへ走って行きました。その後、代表の方からこれまでの経緯と健康状態、今はテツと呼ばれていること、推定5歳であることが伝えられ、飼い方の説明を受けてから何枚かの書類を書いて無事、わが家の犬となりました。

「テツだなんて、強そうな名前ね」

「腕によりをかけて立派な犬小屋を作ってやるからな」

「ワン！」

テツは私の言葉がわかるかのようにとても喜び、また口の周りをべろべろとなめ回してきました。

テツの犬小屋を庭に設置し、毎日朝と夕方には町内を散歩する日々が始まりました。子どもにも飛びかかるなどと聞かされていましたが、ケージの生活から解放されたからなのか、過剰に喜んで人に飛びかかることはほとんどありませんでした。ほとんどということは、ゼロではないということなのですが……。私に対してだけは、すぐに飛びかかってきて、べろべろなめるのでした。気持ちとしてはうれしいのですが、なかなか体力を使うので、時折、仕事で疲れているときなどは耐えきれず押し倒されることもありました。

「熊をやっつける前に、あなたがやっつけられちゃうんじゃない？」

妻もこのほのぼのとした関係を喜んでいました。

人に対してはとても紳士的で友好的な態度を取るので、散歩中に出会うご近所さんたちには人気があったのですが、すれ違う犬や、庭の中にいても外を通る犬がいると大きな声で吠えるのです。近所の犬が散歩するときでも、どんな動物が通ったときにでもあの野太い大声で、けたたましく吠え続けるのです。動物を連れて歩いているのがテツを知らない人だったりすると驚いたり、それ

が小さな子どもだったときには泣きだしたりで大変でした。しかし、もともと熊よけの目的で飼い始めたわけですから、テツが吠えるのはむしろ歓迎すべきことなのです。

　私たち夫婦は、ご近所さんを回り、大きな声で吠えていることをわび、そもそも熊よけであることを伝えました。

「そうだったのね。でもテツのおかげで、きっと熊も近づいてこないでしょうから、この町はもう安心だね」

「犬相手にあれだけ吠えてくれれば、熊相手だとどれだけ吠えるんだろうな。いや、勇敢な犬だ」

「テツのおかげで安心して眠れるわね」

　最初は迷惑をかけて申し訳なく思っていたのですが、ご近所の皆さんは本当に好意的で助かりました。むしろ歓迎されていて、飼い主としても町のお役に立てているようで胸をなで下ろしました。

一度、散歩していたときに畑仕事をしていた農家の人に声をかけられたことがありました。

「最近、鹿が来なくなって助かっているよ。あんたのところの犬が吠えてくれているからかもな。ありがとな」

「テツ。おまえのおかげで熊のニュースも聞かなくなったし、鹿も来なくなったらしいぞ。ご近所さんはみんな喜んでくれているよ」

「ワン、ワンッ！」

テツも誇らしげです。

「そうか、そうか、おまえもうれしいか」

「ワン！」

第7話
犬は長生きしたいのか？

テツを飼い始めてから10年、外を動物が通ればテツは必ず吠えました。

「そういえば、保護されていたときは、あれだけ周りに犬がいたのに、吠えていなかったよな」

「言われてみたらそうね。……まさか、熊よけでここに来たっていうことを理解しているの？」

妻は嬉しそうにテツに話しかけていました。

テツを飼い始めた年には町に出ていたヒグマ。それ以降9年間は熊が出た話はまったく聞きませんでした。

「みんなが喜んでくれることをわかっているのかしらね」

「きっとそうだよ。本当におまえは偉いヤツだなぁ」

　そしてテツが特に好きだったのが、私との海釣りでした。防波堤に体を横たえて、潮風に鼻をクンクンさせていました。魚がかかったときには、それがわかるのか、吠えて教えてくれるのです。釣り仲間たちからも「釣り名人」の称号が贈られ、ご褒美に分け前をもらい、テツのうれしそうなこと。

「おまえさんが釣った魚より、テツが教えてくれてのご褒美のほうが多いな」

　と釣り仲間にからかわれることもしばしばありました。

第7話
犬は長生きしたいのか？

「そういう言い方はないだろ。でもテツのおかげで今夜の夕飯は豪華になったな」

「ワン、ワン！」

「あ、ほら、おまえさんの糸、引いてるぞ！」

「おっ！　テツ、でかしたぞ！」

「ワオ――――ン！」

テツがわが家へ来てから10年目の秋。テツも推定15歳。テツは相変わらず動物の気配を感じると吠えていましたが、最近ではその声に張りがなくなって、以前と比べると小さくなっている気がします。吠えている時間も心なしか短くなっているようです。

「今年の冬は寒くなりそうね」

「そうだな……なぁ、テツもすっかり年を取ったし、今年は家の中で冬を過ごさせてやらないか」

「そうね。テツ、おまえもおうちの中に入りたい？」

妻はテツをなでながら尋ねます。

「気温が零下でもテツは外で元気だったんだけどな。ゆったりと老後を過ごさせてやろう」

「そうね、テツもそのほうがいいわよね」

「クゥーン……」


私たちはホームセンターでテツが室内で暮らすための道具や犬用クッションなどを買いそろえました。そしてテツはその日、初めて室内に入りました。テツは、はじめこそ慣れない環境に右往左往してにおいを嗅ぎまくっていましたが、30分もすると落ち着いて、犬用クッションにのっそりと横たわりました。クッションはかなり気に入ったようで、目を細めて寝ては、肌ざわりを確かめるかのように、頬やら背中やらを押しつけるようにスリスリして、かわいいま

第7話

犬は長生きしたいのか？

なざしをこちらに向けてくるのでした。

「やっぱり今までは寒くてつらかったのかなぁ。もっと早く家の中に入れてあげればよかったな」

「本当ね。こんなに気持ちよさそうにして。こんな顔、初めてね」

テツの生活は一変しました。しかし変わったのは暮らす場所だけではなく、性格も大きく変わりました。外を通る動物に反応しなくなったのです。一日じゅう、ほとんど吠えることはなくなりました。ご飯の催促に「ワン」

と一声かけてくることと、なでてやったときに「クゥーン」と鳴くくらいになりました。飼い始めたころは前足を私の腰にかけて飛び跳ねていましたが、その習慣もいつのころからかほとんど見受けられなくなっていました。番犬然とした番犬だったのに、それが家に入れて1週間ほどたったころから、私たちの足元へすり寄って来て、なでてほしいとねだるようになったのです。私たちが居間でくつろいでいると、いつの間にか入って来て、足元に寝転んでいたりすることも増えてきました。

北海道。その極寒の雪の中でも悠然と立ち、通る動物たちに吠えていたテツ。あのテツが今はストーブの前で丸まり、なでてもらいたがる家庭犬に変貌してしまった。最初は私も妻も戸惑いましたが、それは新鮮で心安らぐ新しい生活の始まりでもありました。

しかしその冬が終わりを告げ、間もなく春の兆しが見えようというころ、私

第7話
犬は長生きしたいのか？

がいつものように散歩に行こうとしたときです。

「テツ、お散歩に行くぞ」

「……」

「テツ、どうした？　お散歩だぞ」

「……」

なぜかテツは黙ったまま立ち上がりません。暖かい部屋が大好きといっても、まったく外に出なかったわけではありません。雪の中の散歩もまたテツにとっての楽しみだったはずです。

「どうした？　テツ、おまえの好きなお散歩だよ。今日はそんなに寒くないし行こう！」

テツは寝そべったまま、私の顔を見上げているばかりです。私は無理矢理リードをつけて起こそうとしましたが、前足は立ち上がるものの、後ろ足が動きません。

「テツ……足、痛いのか？」

「ねえ、病院で診ていただいたほうがいいんじゃないかしら」

その日は散歩を諦め、妻と車で動物病院まで行きました。

診察の結果は、高齢による神経痛もしくは筋肉障害だろうということでした。獣医の先生によると15歳ともなると、どんな犬にも起こる可能性がある症状だということです。

「そうはいっても去年まではあの極寒の中を……」

第7話

犬は長生きしたいのか？

私はにわかには信じられませんでした。家の中に入れてからの半年間も元気に走り回っていたのです。しかしその後もテツに回復の兆しは見られませんでした。次第に食欲も落ちて、外が暖かくなり花が咲き始めたころ、春の訪れとともに、天へと召されました。診断を受けてからわずか1カ月半という早さでした。

私は今でもテツにしてきたことがよかったのか、悪かったのかを悩んでいます。

寒い中でも外で気を張り、颯爽と立って番犬として頑張っていたテツ。甘えん坊でクッションに横たわり、あっという間に亡くなったテツ。果たしてどちらがテツにとって幸せだったのだろうか？

颯爽と元気だった外の生活。しかし寒さが体にこたえないわけがない。それでも、もしかしたら外で飼っていたなら今でも気を張って元気に生きていたのではないだろうか。

屋内での甘えん坊の生活。この心と体の緩みが健康を損なわせ、寿命を縮めてしまったのではないか。でもあの暖かい部屋で柔らかいクッションを知った幸せそうな顔は絶対にうそではないし、私の見誤りなどではないはずだ。

私はその表情にだまされて彼の命を奪ってしまったのではないか？

あの春の悲しみから2年がたつのですが、私はいまだにその答えが出せずにいます。そして自分を責め、悲しさなのか悔しさなのかわからない涙が流れてきます。でもそんな時、私の心を癒やしてくれるのもまたテツなのです。テツが笑顔でクッションにたわむれる遺影が私の心を優しく包み込んでくれるのです。

第7話

犬は長生きしたいのか？

ある時、テツの遺影からこんな声が聞こえた気がしました。

「何を泣いているの？　僕は外でも中でも幸せだったよ！　幸せをいっぱいありがとう」

その声が聞こえてから、私はますます泣き虫になりました。くよくよしない、幸せな泣き虫になりました。

三浦健太より

犬にとって大事なのは「今」

人はいつか自分が死ぬことを知っていますし、世の中に病気というものがあることも知っています。犬たちが物事を比較しないことは有名ですが、この比較しない心というのは時間の比較もしないのです。犬たちには長生きをしたいという欲望はありません。過去の出来事を記憶はしていますが、その出来事がこれからの生活にどう影響するかなどは考えません。同時に、未来を夢見て、今を我慢したり努力したりもしません。比較しない犬たちにとっては、大事なのは「今」だけなのです。未来に夢を託さない分、今の生活や環境はもちろん、幸せを追い求める気持ちも人間以上です。犬たちにとっては幸せはいつか、どこからか、誰かが持ってきてくれるものではありません。今、目の前になければならないのです。幸せはもらうもの

でも、生み出すものでもなく、今、自分で探し出すものなのです。毎日の同じ時間、同じ道の散歩であっても、空の色、変わりゆく花、町の景色やにおい、あらゆるものの中から幸せを探そうとします。飼い主さんの笑顔、手のぬくもり、体臭は毎日、違うのです。

「はじめに」でも書きましたが、犬にとっては、

「どれだけ生きたか」は、どうでもいいことで、

「どう生きているか」が大切なことなのです。

第8話

飼い主の心がわかる犬

ゴン

柴犬。ライブハウスの名物犬。音楽に合わせてしっぽを振る。

柴犬のゴンと暮らした太田《おおた》さんの話

１９９９年。それはわが家にとって大変な年でした。

僕は大学時代、軽音楽部の仲間とともにバンドを結成し、学祭ではファンを多く獲得して街のライブハウスでもそこそこ名前を知られるところまで成長しました。なかには大学卒業と同時に就職するメンバーもいましたが、僕は作曲も担当していたこともあり、好きな音楽でなんとか食べていけるようになっていました。

やがて結婚し、理解してくれる妻と貧しいながらも楽しく暮らしていました。しかしその後、徐々に仕事は減っていき、しかたなく大好きな道を諦め、音楽と関係のない別の仕事に就くこととなりました。

しかし、音楽しかやったことのなかった僕には、パソコンはさわったこともなく未知の世界。社会人としてのスキルの低さにはわれながら愕然《がくぜん》としました。仕事を好きにも嫌いにもなれず、悶々《もんもん》と悩んでいた28歳のときの結婚記念日に、妻から「話があるの。時間つくれる？」と言われました。そうか、愛想を尽かされたのかと、ドキドキしながら身構えましたが、妻の話は意外な件でした。

「音楽、諦められないんでしょ。私ならいいよ。苦労してでも支えるって決めてたんだから」

　予想外の妻からの提案でした。

「給料を持ってくるあなたより、曲作ってステージで歌ってるあなたが好きなの。音楽中心の生活に戻ってもいいよ。その代わり、ひとつだけお願いがあるの。あなたが前みたいに地方のライブハウスにも呼ばれたら寂しいから、ワンちゃんが欲しいの」

僕は会社を辞め、妻のためにわずかばかりの貯金を崩して柴犬の子犬を買いました。名前はゴンとつけました。僕は犬には特に興味はありませんでしたが、時間があるときにはパートに出ている妻の代わりにゴンの散歩や世話をしました。最初は「面倒だな」としか思いませんでしたが、「散歩に行くぞ」と言うとうれしそうにしっぽを振る姿を見ているうちにだんだんかわいく思えてきました。

しかし、実際の散歩は僕の思いどおりにはなりません。飼い始めたころは僕の歩きたい道を気ままに歩いていましたが、ゴンはあっという間に大きくなって、「そっちじゃない、こっちだ」と引っ張る力が強くなりました。次第に僕のほうが諦め、ゴンの行きたい道を歩くようになっていました。自分のことをわがままで、思いやりの気持ちは少ない性格だと思っていましたが、いつの間にかゴンに寄り添っている自分を感じ、犬って不思議な生き物だなと思いました。同時に、妻は僕に寄り添ってくれていましたが、果たして僕は妻を幸せに

第8話
飼い主の心がわかる犬

してあげているんだろうかという気持ちにもさせられていました。そんなことを悩んでいると、ゴンは決まって僕のほうを見て「クゥ～ン」と鳴くのでした。

行き先の定まらないゴンとの散歩は、その都度新しい道や風景を発見させてくれました。そして、それは結果的に僕の感性を刺激して、曲作りにも役立ちました。「いい曲ができた！」と喜んだときにはゴンも喜んでくれているのか、両方の前足を僕の腰に絡みつけてうれしそうに「ワンワン！」と吠えてくれました。


　ある日、大学時代のバンド仲間の西田《にしだ》と偶然街で再会し、そのまま飲みに行きました。

「なんだ、太田、音楽やってるのか。そっか、戻って来たんだな。まあ俺もそうなると思ってたよ」

「なんだよ、僕の才能を認めてくれてたのか」

「違うよ、おまえは音楽以外なんにもできないから、戻って来るしかないってわかってたんだよ」

僕が西田の言葉に憮然《ぶぜん》とした顔をしていると、西田が言いました。

「俺、今、ライブハウスの経営してるんだよ」

「おまえが店長かよ！」

「俺はおまえみたいに音楽センスなかったからさ。でも音楽にしがみついていたかった。俺自身は楽器もさわらなくなったけど、音楽のそばにいたいって思って、ライブハウスを立ち上げたんだよ」

西田は少し恥ずかしそうにそう言いました。

「すげーな！」

「俺からしたら、作曲できる太田のほうがすげーよ。でさ、おまえ、食えてんのかよ？」

「まあ、どうにかこうにかな」

僕は西田の顔から思わず目をそらしながら答えました。

「おまえさ、ブッキングマネジャーやらないか?」

「えっ?」

「大学時代から太田は後輩の面倒見もよかったし、才能を見いだす力もあった。教えるのもうまいし、どうだ、若手を育てるみたいなつもりで、企画を立ててみないか?」

「僕が若手を育てる? 自分のことで精いっぱいだよ」

そう答えたものの、僕は西田に説得されてライブハウスの運営に参加することになりました。ギャラは成果報酬制で決して諸手を挙げて喜べる仕事ではありませんでしたが、楽器は使いたい放題。若手から刺激を受け、なかには僕の作った曲を歌ってくれるヤツもいて、そこそこ楽しい日々になりつつありました。意外なことに、ゴンが一番喜んでくれていたような気もしていました。

「おまえ、僕の気持ちがわかるのか?」

ゴンはライブハウスに連れていくと、最初はドラムの音に怯えて震えていましたが、やがて、音楽に合わせて歌っているようにワンワン鳴き始め、しまいにはしっぽを振りながら音楽を聴くようになりました。いつの間にかゴンはライブハウスの名物犬になっていました。

「太田さんの企画だと、ほかのバンドとの相性もよくて、本当に歌いやすいんですよ」

「この前の出演バンド全員が登壇しての大合唱、最初はダサいなと思ってたけど、あれクセになりそうだわ」

出演バンドのメンバーも僕の企画をおおいに楽しみ、同時にそばにいるゴンもかわいがってくれました。この仕事にもだいぶ慣れたころ、店長の西田が新しい仕事を持ってきてくれました。

「今の太田の業績、店長仲間にも伝わっててさ、企画を立ててほしいって声が上がってるんだよ。そこはちゃんとギャラ払ってもらえるように話つけたから。どうだ？」

西田には感謝してもしきれませんでした。新しい才能に触れ、発掘し、そこから人気バンドに成長する過程をリアルタイムで見られる喜び。特に、その子たちがテレビの世界に見いだされて羽ばたいていくのはたまらなくうれしいことでした。ゴンもわかっているのか、テレビの音楽番組でライブハウスの卒業生が歌うと、書斎まで呼びに来てくれることもありました。そんな売れっ子バンドの数も年々増え、僕の肩書はいつの間にかブッキングマネジャーから、プロデューサーに変わっていました。

１９９８年。あの年の前年。僕は50歳になりました。その時のライブの終盤に、サプライズでみんなが僕の誕生会をしてくれました。そして誰からともなく一つの提案がなされました。

「太田さんのおかげで、みんなここまで来られたんだ！　みんなでドームでやりたくない!?　売れていったバンド連中も絶対出てくれると思うよ」

「いいね、五十にして天命を知るっていうし」

「逆に人間五十年っていう言葉もあるけどね」

乗り気だったメンバーの中には、既に大手プロダクションに所属している人もいたので、夢を語るというよりもずっと現実味のある話として盛り上がっていきました。

「やろうぜ、やろうぜ！」

「太田さんの歌も聴きたいし！」

「え？　僕？　僕はもう裏方だからさ」

とはいえ、まんざらでもない気持ちになりました。

第8話
飼い主の心がわかる犬

「え〜、太田さんの歌、ゴンも聴きたいよね」

「ワン！」

僕は照れていましたが、隣のゴンは長い舌をだらんとさせたままハーハーと息をして、なんだか期待しながら笑っているようにも見えました。

「太田さんには『おまえに捧げるラブソング』歌ってほしいなぁ」

「ああ、あの奥さんへのプロポーズで作ったハズいヤツ！」

「ハズいって言ってやるなよ！」

「だってタイトルが堂々としすぎてて、めっちゃ昭和じゃん」

「そういう真っすぐなのがいいのよ。あんたは遠回りな表現ばっかだから彼女もできないのよ！」

みんなが勝手に盛り上がります。

「でもあれ、いい楽曲だよな」

「ワンッ！　ワンッ！」

その夜はおおいに盛り上がったものの、どこまで本気なのか疑わしくて、ついついその日のことは忘れて僕は日々の仕事に追われていました。でも心の奥では、やっぱり引っかかっていたみたいで、「ゴン、おまえ、僕の歌、聴きたいか？　ドームで」とある日ゴンに尋ねていました。


「ドームがどうしたって？」

妻が顔をのぞかせます。どうやら聞かれてしまったようです。

「あ、いや、別に……」

「……後悔だけはやめてよね」

「えっ？」

「西田さんから聞いてるわよ」

妻の言葉に、僕はハッとしました。

何をビビってるんだ？　せっかくみんながとんでもない誕生日プレゼントをくれたっていうのに。企画者としては夢のような話じゃないか。この業界にいるからには夢見ないはずのないステージだ。おまけとはいえ、僕も以前はそこに立つ夢を持った。かなえさせてくれる仲間もいる。あと押ししてくれる妻もいる。だがライブハウスとは比較にならない経費が必要だ。もしこけたら最悪だ。メインスタッフ、警備などの周辺スタッフのギャラから、スポンサー探し、チケット収入の計算。普段なら考えなくていいこともれなく考え、何日も頭を悩ませました。

僕の頭がパンクしそうになると、必ずゴンが散歩をせがんできます。それが、頭を休ませ、切り替えるにはちょうどいいタイミングでした。

「例のドームの件だけど、やっぱりやってみたい。最初で最後の大勝負だと思うんだ。この業界で生きている限りは、挑戦してみたい。いいかな」

僕は妻にそう切り出しました。

「あぁ、またあなたのカッコイイ姿が見られるの!? 私も応援するからね。私もわが家のバックステージスタッフだから」

「ワン! ワワワンッ!!」

それからの1年は休む間もないほどの忙しさでした。目標は1年後の1999年10月。ドームがたまたま空いていた2日間を借りることができたのです。その後、出演者との交渉、演出チームとの会議、舞台や照明、映像など多くのスタッフとの折衝。警備、物販を含めた当日のアルバイトや業者の募集と選出。看板、宣伝と細かい打ち合わせが続きました。あまりの忙しさを見かねたのか、妻もパートを辞めて、制作の手伝いに専念してくれました。

出演者、妻、西田やお世話になっているライブハウスのみんなの協力のおかげで、念願のドームコンサートは目の前にやってきていました。あとひと頑張

第8話
飼い主の心がわかる犬

りで長年の夢に手が届く。僕も妻も疲れきっていましたが、気持ちは常に前向きでした。すべてが順調に進んでいると思えていました。

ただ……。

このころから、ゴンの体調が思わしくなくなっていました。気づけばゴンも16歳。病気ではないにしろ、既に老犬です。夏の暑さはなんとか乗りきりましたが、最近では散歩していても途中で疲れて動こうとしなくなったり、食欲が少し落ちぎみの日もあったり、大好きだった場所に出かけようという気も薄れてきているようでした。

そして9月の終わりには既に立ち上がることさえ難しくなってきていました。僕たちはゴンの介護をしながら、ドームコンサートに向けての準備も進めていきました。

開催日まで2週間。ゴンの体調はますます悪化し、ほぼ寝たきりになって、食事も流動食になっていました。水すらもスポイトで飲ませるような状態でした。

そしてコンサート10日前。僕は妻に切り出しました。

「どうする？　もうゴンをドームへは連れていけない。かといって家で一人にさせるわけにもいかない。動物病院で預かってもらうか……」

「逝くときは私たちの腕の中で逝ってほしい」

「……うん」

「最期になって、知らないお医者さんのところでなんて絶対に嫌よ！　お願いだから……」

「わかった。やっぱりゴンは連れていこう。でも……」

「楽屋がダメなら駐車場でもいい。車の中で私が抱いてるから」

結局、僕たちはドームまでゴンを連れていくことにしました。

第8話

飼い主の心がわかる犬

「ゴン、頼むぞ。元気でいてくれ。一緒にドームを目指したんだからな」

「駐車場から応援してるね」

「ありがとう。配信スタッフにお願いして、車の中でも見られるようにするからな」

「うん」

「それと、うちの車じゃ窮屈だろうから、キャンピングカーをレンタルしよう！」


妻は犬を乗せてもいいというキャンピングカーをネットで見つけ、使い慣れるためにとコンサートの2日前から借りることにしました。そしてコンサートの準備日から本番、そして翌日までの合計5日間借りてくれました。ただひとつ残された問題がありました。それは考えたくなかったことでしたが、最悪の事態です。もしもコンサート中にゴンが死んでしまった場合はどうしたらいいのか。そのまま車に横たえておくわけにもいきません。動物病院やペット用の霊園も検討しましたが、昼の時間にコンサートを抜け、預けに行くのは時間的に厳しいと思われました。移動できるのはコンサートが終わった夜しかありません。しかしそんな遅い時間には病院や霊園は閉まっています。ネットでいろいろ調べていたとき、妻が突然声を上げました。

「あった！　ねえ、ちょっと、これ見て」

「『ワンちゃん、ネコちゃんとのお別れに。ペット専用移動火葬サービス』。これだ！」

僕はすぐにそこに書かれた番号に電話をしてみました。電話を受けた業者の話では、関東近郊ならどこへでもいつでも来てくれるということでした。しかも亡くなったという連絡を入れれば、6時間以内に来てくれるそうです。エンジンをかけたまま3時間ほど車を止められればいいと言うのです。それならドームの裏の駐車場でまったく問題はありません。僕はそのまま事情を伝え、即刻、仮予約をしました。できれば、この予約が無駄になることを祈りながらですが。

「ゴン、もう大丈夫だぞ。これで最期まで一緒だ。でもドームコンサート、最後まで見届けてくれよ」

寝たきりのゴンがそれに答えることはありませんでしたが、僕にはゴンの首が一瞬縦に動いたようにも見えました。

しかし実際にはキャンピングカーも移動火葬サービスも使うことなくゴンはこの世を去りました。コンサートの4日前のことでした。ゴンは少しも苦しむことなく、文字どおり安らかに天国に逝ったのです。その日は、年がいもなく、子どものように大声を上げて泣きじゃくりました。

「そんなに大きな声で泣かないでよ。私が泣けなくなっちゃうじゃない」

「ごめん。そうだよな。それにめそめそしてたらゴンに怒られるよな」

「そうよ、最後の大詰め、コンサートの成功のために、きっとゴンは……あなたの夢のじゃまをしないようにと……それだけを祈って……」


もしかするとゴンは本当に僕たちに余計な気をつかわせたり、迷惑をかけたくなかったのかもしれません。ゴンはいつでも僕たちの気持ちがわかって

いるような犬でしたから、きっと今回もそうに違いないと思いました。そして僕は音楽が大好きだったゴンの思いを背負って、大詰めの4日間を過ごし、ドームのステージを成功させました。仲間の好意でステージにも立たせてもらえ、妻へのプロポーズに作った『おまえに捧げるラブソング』を心から歌いきりました。

ゴンは天国から僕の歌を聴いていてくれただろうか。ゴン、おまえはきっとわかってくれたね。あの日歌ったあの歌は、おまえへのラブソングだったということを……。

犬は鋭い感受性で人の心を感じ取れる

私たち人間は、言葉を使い、意思を伝えます。犬たちは、言葉を発することはできませんが、代わりに豊かな感受性を駆使して、そばにいる私たちの心を理解しようとしています。感受性だけではなく、私たちが発するにおい（体臭）のわずかな変化も逃しません。

私たちは時々、犬を見て、しゃべれないことから、理解もできないだろうと勝手に推測しますが、実は、私たちの心の中はちゃんと感じているのです。犬は言葉の意味はわかりませんが、その言葉を発するときの人の心は感じ取れるのです。機嫌のよいときの言葉、そしてその言葉を発するときの表情や体臭。イライラしているときの体の動きとにおい。すべての感覚を駆使して、私たちの心を感じようとして

います。私たち人間にはない超能力かもしれません。その能力を理解できない私たちにとって、犬は時に不思議な行動を起こします。まるで未来を予知したり、遠方の出来事を感じたり、教えてもいない行動を取ったり。科学的な根拠はありませんが、多くの飼い主さんが体験しています。

犬と暮らすと決めたとき、私たちは言葉だけに頼らず、心と心のつながりが始まることも知っておく必要があるのです。

第9話

ペットロスから抜け出したい

チャンプ

ミニチュアダックスフント。日本全国を旅した。

ミニチュアダックスフントのチャンプを飼った神山《かみやま》さんの話

ミニチュアダックスフントのチャンプ。彼は突然、私たちの前から去っていきました。私と妻はすべてを失ってしまったかのようです。そう、チャンプは私たちのすべてだったのです。チャンプのいない世界で生きている意味は果たしてあるのだろうか。生きる希望や意欲といったものが持てずに、私たちはただ、ここに存在していました。

ペットロス。犬友からつらいとは聞いていましたが、これほどまでとは正直思っていませんでした。悲しみは時間とともに消えていく。そう思っていました。しかし、彼が逝ってから3カ月。その悲しみはただ増していくばかりです。夫婦の会話もすっかりなくなりました。

ちょうど15年前。大学を卒業して都内の会社に勤めていた息子がすてきな女性と結ばれ、この家から独立していきました。その時は寂しさもありましたが、夫婦で子育てを終えた充実感もありました。ただ、家が広く感じて居心地が悪かったこともあって、私は妻の「犬でも飼いましょうか」という提案に乗りました。ですので、息子ロスはほんの数日間で消えていったのです。

私は妻を連れてペットショップへ行きました。私たちはとても気が合っていて、

「この子だ！」

と声を合わせて指さした子がチャンプでした。

「これが生きている本物の犬なのか!?」と思うほど小さくてかわいくて、それはまさにぬいぐるみのようでした。ミニチュアですから小さいのは当たり前ですが、子犬のミニチュアダックスフントはそれはそれは本当に小さくて、でも目だけはくりくりとして大きく、まるで少女漫画に出てくるキャラクターみたいでした。

「なあ、名前、どうする？」

「チャンプ」

と妻が即答しました。

「だってこれだけ大勢いる中で、一瞬で私たちに選ばれたのよ。犬のチャンピオンでしょ。だからチャンプ」

妻が得意気な表情で説明します。

「なるほどな。あっ、それに見てごらんよ、ボールをかんでるでしょ」

「うん。かわいいね。一生懸命かんで遊んでる」

「かむって英語でチャンプって言うんだよ」

「そっか！　でも人をかんだりはしないようにちゃんとしつけもしないとね」

やはりかみグセはありましたが、やがてしつけもしっかりできて、2歳になるころには成犬としてどこへ出しても恥ずかしくない、温和で賢い犬に成長してくれました。

時は流れ、私は会社を定年で退職しました。

もともとチャンプを散歩に連れていくのは私の担当でしたが、時間ができた私は食事の準備などの家事も手伝えるようになったので、妻も散歩について来るようになりました。もっとも、私が仕事で帰れないときには妻が散歩してくれていたので、私の知らない散歩道も知っていて、妻と歩くことも楽しい時間になりました。

「きみと歩いているだけでもちろん楽しいけど、せっかくならもっともっと新しい風景も楽しみたいな」

「散歩の時間を増やす？　でもこれ以上歩くのは疲れちゃうなぁ」

「車でちょっと遠くまで行って、そこで散歩するなんてどう？」

「いいね！」

夫婦と愛犬がのんびり旅行できるように、それまで乗っていたセダンを売って、小さなキャンピングカーを購入しました。春はお花見、夏には海や川、秋は紅葉の山々、冬はスキー場と、三人の楽しみは全国へと広がっていきました。いえ、楽しみというよりは生きがいといってもよかったほどです。

そしてチャンプはあっという間に15歳になりました。

「チャンプ、最近元気がないね。あのオチビちゃんもすっかりおじいちゃんだからね」

「長旅は疲れるんだろうな。そろそろ遠出はやめて、近場をめぐろうか」

妻とそんな会話をするようになったある朝、突然チャンプの食欲がなくなりました。目は相変わらず少女漫画のキャラクターのようにくりくりとして生気に満ちています。散歩も大好きでしっかり歩いています。ただご飯をあげてもにおいを嗅ぐだけで、食べようとしないのです。心配になった私は動物病院で診察を受けさせました。結果は後日ということでその日は何もわからないまま帰宅しました。相変わらずチャンプは元気でしたが、食欲はまったくなく、2日間、何も食べませんでした。

診察結果が出ました。チャンプは「がん」でした。口の奥に腫瘍ができていて、かなり時間が経過していたこともあって手術は難しく、もう長くないということでした。

「ただ死ぬのを待つなんてダメだ！」

妻は犬友に何か情報はないかと聞いて回り、私はネットで何か打開策はないかと調べました。ゴッドハンドといわれる施術師を見つけては手当てをしてもらい、奇跡の水、神の水と聞けば取り寄せて飲ませました。でもチャンプはどんどん弱っていきました。もう流動食さえ食べられなくなってしまいました。

食べなくなって2週目。チャンプは満月の夜に亡くなりました。私たちは何日も泣き明かしました。


「飼い方が間違っていたんじゃないだろうか」

「私たちの楽しみのために無理をさせたんだわ」

「どうしてもっと早く気づいてやれなかったんだろう」

「私たち、調子に乗っていたのよ」

妻はがっくり肩を落としていました。

「チャンプ、無理をしてつきあってくれていたんだな」

「きっと食べ物も体に合っていなかったのよ」

チャンプを思えば思うほど、後悔の気持ちばかりが湧いてきます。これでは私たちも倒れてしまう。そう考えてチャンプのことは考えないようにしようとするのですが、忘れようとすればするほど鮮明にチャンプの顔が脳裏に浮かんでくるのです。

「ねえ、犬じいさんに相談してみたらどうかしら？」

妻の突然の提案でした。

「犬じいさん？」

「2丁目のお米屋さんの斜め向かいの」

「田中《たなか》さん……だっけ」

「今は2頭のワンちゃんと暮らしているけど、ずいぶん前は別のワンちゃんとお散歩していたわ」

「そうか、あのおじいちゃんならペットロスを何度も経験しているだろうしな」

田中さんは90歳を超えるご高齢で、普段は特におつきあいもなかったのですが、犬友の間では「犬のことで何かあれば犬じいさん」と言われていて、頼りにされている人物です。私たちもこの苦しみから逃れるためならなんでもいいから教えてほしいと思い、思いきって訪ねてみることにしました。

突然の訪問にもかかわらず、田中さんは嫌な顔ひとつせず、私たちの話を真剣に聞いてくれました。幸い、散歩しているチャンプの姿を時折見てくれていました。

「あー、あのダックスちゃんね。いい子でしたもんね」
「知っていてくださったんですか！」
「私、犬じいですから。はっはっは……」

私たちはチャンプの病気のこと、死んだときの様子、そしてそのあとのつらさのことを話しました。田中さんはじっとその話に聞き入り、時折深くうなずき、まるで自分の犬が死んだときを振り返っているかのようでした。私たちの相談というか、愚痴というか、後悔の念を聞いた田中さんは、もう一度ゆっくりうなずいたあと、静かに口を開きました。

「おつらかったでしょうね。わかりますよ。私もね、これまでに6頭の犬との別れを経験しました。悲しくなかっ

たなんてことは一度もありませんでしたよ。犬の寿命は人間と比べて短すぎますよね。いつもそう思うんです」

しばらくの沈黙のあと、田中さんは話し続けました。

「お二人はつらくて、チャンプちゃんのことを忘れようとしていませんか。それはむしろ、かわいそうなことだと思いませんか。長い時間をともに過ごし、ともに暮らし、楽しいこともうれしいことも、時にはつらいことも、一緒に体験してきた大事なコですよね……」

田中さんは低くつぶやくようにそう言いました。

「はい、そのとおりです」

「もし、もしもね。私がチャンプちゃんだったら、生きていた時間のすべてを大好きなお父さん、お母さんと語り合いたいですね。忘れるのではなく、ささいなことさえ思い出してほしいと思いますよ。そして覚えておいてほしいと思います。ワンちゃんはね、今が大切なんですよ。大好きなお父さん、お母さんが、その大切な今、自分のことを忘れようとしている」

妻は嗚咽《おえつ》し、あふれる涙を止められなくなりました。私は妻の手を握り、田中さんの話に一心に耳を傾けました。

「それが愛し、愛された者同士のあるべき姿なのでしょうか？　違うんじゃないでしょうかね。愛犬というものは、命がなくなり、形がなくなっても、心の中ではずっと生き続けているもんだと思います。違いますかな」

「私……後悔しかしていませんでした。それではチャンプも浮かばれないですよね」

妻は懸命に涙をこらえようとしていました。

「悲しいのは人間だけじゃない。でもワンちゃんはその悲しみの中にあっても、幸せを感じようとする生き物なんですよ」

「ごめんな……チャンプ」
「昭和の男が泣いてはいかん。涙は奥さまにまかせて、いろいろ考えておやりなさい」
「はい」
「といっても、私も三日三晩泣き明かしたんですがの」

私たちはその後、犬じぃさんの悲喜こもごもの犬たちとの暮らしと別れの話に聞き入りました。

帰宅後、私と妻は長い時間をかけて話し合いました。そしてたどり着いた結論は、チャンプと過ごした15年間をしっかりと振り返ろうということでした。

次の日から、私たちの日常は大きく変わりました。

私はパソコンの前に陣取り、チャンプがわが家へ来てからの15年間にあったことのすべてを記録しようと書き始めました。アルバムの写真も、スマホの写真もすべてパソコンに移し、その写真を撮った日付、時間、状況説明、その時の気持ちなど、思い出せるすべてを記していきました。

チャンプと初めて出会った日。初めての餌やり。初めての散歩。しつけ。ソファーで一緒に横になって見た野球の試合。縁側での妻とチャンプとの昼寝。

「ああ、これは動物病院で初めて注射したときの写真だ」

「初めて車に乗ったのよね」

「そうだった、そうだった」

「はしゃいでいたのに、行き先が病院で……注射を打たれたときの騒ぎようったらなかったわ」

「それからしばらくは、車に乗るのを嫌がったっけな」

「この写真は公園デビューかしら」

「そうだね。柴犬のコリーと仲がよかったなぁ」

「柴犬なのにコリーってなぜ？って思ったけど、でも飼い主さんは私たちにとって初めての犬友だったわね」

「うん」


隣の家の花壇にオシッコして花を枯らしてしまったことや、ドッグランではしゃぎすぎて大型犬に吠えられてしゅんとしていたこと。初めての海では波が怖くて私に抱きついて離れなかったこと。


「翔太《しょうた》の結婚式だ」

「翔太ったら、チャンプをわが家の次男ですって紹介してくれたっけね」

「式場に入れてもらえたのは本当によかったな」

「萌《もえ》ちゃんが生まれたときにはずっと寄り添ってくれてたわね」

「……なあ」

「何？」

「この桜並木、どこだっけ？」

「えっと……」

「あと、これ。この繁華街……」


記憶がおぼろげになっていることが多くて驚きました。


「写真が少ないところは記憶が曖昧だな。なんで写真、少ないんだろう」

「あなたが思い出は心と瞼の裏に刻めばいいなんて言ったからじゃない」

「そんなカッコイイこと言った？　まいったな……」

「ねえ、お散歩に行きましょうよ。そしてチャンプと歩いた風景を今から写真に残すの」

「チャンプ追想の散歩か。それはいい考えだな。行こうか」

そして私はこのチャンプ追想のお散歩日記をブログに書くことを思いつきました。散歩は近所から近隣の町々へ、そしてキャンピングカーを久しぶりに走らせ、全国へと広がっていきました。

「ねえ、ここよ、あの桜並木！」

「本当だ！　そういえばこの桜並木でチャンプったら……」

当時と同じように写真を撮っても、どの写真にももうチャンプは写りません。それでも、その写真の片隅にチャンプの笑顔が思い浮かびます。そしてあの時のことがこと細かに、鮮明に思い出され、ぼやけていた記憶のひとつひとつがはっきりとしてくるのでした。

ペットロスの悲しみに暮れた日々から、チャンプを忘れようと懸命になり、そこから私たちは生き直しました。私のブログは、多くのペットロスに苦しむ

方々にひとつの方向性を示すことができたようです。

私たちはいまだ旅の途中です。私たちはチャンプと精いっぱい人生を楽しんだ。もう深い悲しみに襲われることはなくなりました。悲しいあの一瞬の出来事に人生を委ねてはいけない。多くの笑顔に支えられて私も妻も生きてきたんだから。

でもたまにチャンプがいないことに寂しくなることもあります。けれどそんな時は、チャンプが元気に私と妻の足元で戯れる夢を見るのです。そして夢の中でチャンプは人間の言葉で話しかけてくるのです。

「お父さん、お母さん。今でも愛してるよ！」

三浦健太より

たくさんの幸せな記憶を思い出して

飼い主さんにとって、ペットロスは避けては通れないものです。愛犬は長年、ともに暮らした家族であり友人であり、時には生きがいでもあったのですから、当然です。ペットロスの症状は様々です。悲しみの心は当然として、なかには立ち上がれなくなってしまったり、生きる希望を失うほどの重症に陥る人もいます。

愛犬を亡くした多くの方とお話をしていると、「○○をしてあげればよかった」という後悔の言葉をよく耳にします。そして、その後悔が多ければ多いほど、ペットロスの症状は重いように感じるのです。もしかすると、ペットロスを重くしているのは、愛情だけでなく後悔の念もあるのかもしれません。ペットロスが重い症状となって現れたとき、なるべく愛犬のことを考えず、終わったこととして諦めよう、忘れようとする人も見かけます。しかし、私たちの心の中にある思い出は消えません。そんな時のひとつの方法として、忘れるのではなく反対に愛犬と過ごした日々を思い出すという逆説的な方法があります。ただ、漫然と主な出来事を思い出すのではなく、家に来たときのことから、過ごしてきたすべての時間と、その時の愛犬の仕草、それを見ていた自分の感情をすべて思い出す努力をしてみるのです。こと細かに思い出すたびに、当時の幸せな笑顔と気持ちがよみがえります。愛犬はその短い一生を通して、私たち飼い主の心にとてつもなくたくさんの幸せな思い出を残してくれています。その思い出をしっかり心に焼きつけることで、ともに生きた時間のすばらしさを共有できるのです。

愛犬は、飼い主に悲しみや苦しみを与えるために生きたのではないのです。私たち飼い主の愛は、死んだあとも愛犬の残した功績を認め、しっかりと記憶にとどめることなのではないでしょうか。

あとがきの代わりに

最後までお読みいただき、ありがとうございました。

犬の一生は短く、私たちの人生のごく一部だけをともに生きてくれるだけなのですが、残してくれた思い出は、私たちの長い一生に影響を与え続けるほどの力を持ちます。ともに生き、ともに暮らし、ともに笑い、ともに悩んだだけでなく、死後もずっと私たちの心の中に影響を与え続けるのです。犬のどこにそんな力があるのかはわかりません。学問では究明できない未知の力が働いているのでしょうか。しかもその未知の力は、体の大きさやしつけの程度、毛の色や個性に関係なく、すべての犬が持っている力なのです。長年、何頭かの愛犬と暮らしていますが、いまだにその力については、解き明かせません。

あとがきの代わりに

次のページからあとがきに代えて、私が大人になってから初めて飼った愛犬との思い出を、思い出すがままに書き連ねてみます。これから犬と暮らそうと思っている方は「こんなにいろんな楽しいことが起こるんだ」と想像し、今現在、愛犬と暮らしている方は「これから先、こんなことも起こるんだ」と予測し、既に愛犬を亡くされている方は「わが家のコはこんな子だったなぁ」と記憶を呼び戻していただければ幸いです。思い出とは不思議なもので、その当時はつらかったり、悲しかったり、苦しかったり、腹立たしかったりしたはずなのですが、なぜか思い出に変わると、いいことばかりに変化しがちなのです。亡くなった愛犬を思い出すとき、少しの悲しさと、わずかな寂しさ、そしてたくさんの幸せを感じることができます。

私のわがままかもしれませんが、もう少しだけおつきあいいただければと思います。もちろん読み飛ばしていただいてもなんの問題もありません。

初代愛犬との思い出

01. 初めてのマイホームを35年ローンで買ったことに浮かれ、夫婦で相談して大型犬を飼うことにした。

02. 犬の雑誌を買いあさり、盲導犬としても使われているラブラドールレトリバーという犬種に絞る。

03. 遠くの街にある○○○犬研究所という通販専門のペットショップに子犬を頼んだ。
（この店に決めたのは、単に店名が専門店ぽかったから。のちにまったく研究などはしていないことも判明）

04. 代金を送ると、かわいい子犬の写真が送られてきた。……感激！

05. 1週間後、航空便で送られてくるとの連絡。空港まで迎えに行ってほしいとのこと。

06. ホームセンターでパピーフードや首輪とリード、そして子犬が入る大きさのかわいいバスケットも買う。

07. 当日、空港のスタッフが出入りする建物の横にある荷物の受け渡し専用の棟に行く。
（荷物棟は、おしゃれな飛行場のイメージではなくてプレハブに近く、運送屋さんの倉庫のような感じだった）

08. 木の檻に入れられた子犬が出てきた。相当な寒さと孤独に耐えたのか、苦しそうな顔で「助けて」と抱きついてきた。檻の中はウンチだらけで、子犬も汚れていた。
（その当時は今と違い、飛行機の荷物室は気圧も低く、温度も零下だった）

09. 頼んだのは、オスの子犬だったが、よく見ると届いたのはメスだった。

10. 送られた写真の犬より体が大きく、顔も少し違った。

11. ショップに電話をすると、「間違えました。交換しましょうか？　なんだったらもう1匹送りますが……」と言われた。腹立たしかったが、もう1回ウンチまみれの子犬を引き取るのは嫌だったので、諦めて交換は断った。

12. 体をきれいに拭いて、車に戻ったが、思ったより育っていたのでホームセンターで買ったバスケットには入れず、助手席の妻の膝の上に乗っけて、自宅に帰った。

13. 戸建ての家の玄関脇にサークルと犬小屋を置き、畳1畳ほどのスペースをつくり、犬を入れた。

14. 夜になるとずっと激しく吠えるので、近所迷惑だと思い、しかたなく家の中に入れた。それから17年間、外の犬小屋は1日も使われることはなかった。

15. よく物をかんだ。物だけでなく人の手も。ダイニングテーブルの脚は4本のうちの1本をかじられ、ほとんど立っていられないくらいの細さに変わった。

16. 食欲はすごかった。食べるときの顔を見る限り、かわいらしさはみじんもなく、鬼のように食べた。ドッグフードだけでなく、小枝や枯れ葉もよく食べた。

17. 水を飲むときは、容器に口をさし込み、半分を飲み、半分は床に撒き散らしながら飲んでいた。

18. 近くのグラウンドで放し、名前を呼ぶと、呼べば呼ぶほど、離れていった。

(当時は、リードは必須ではなく、夜中の町中には放された犬がけっこうさまよっていた)

19. 散歩は元気で、とにかく目標もなく、引っ張りまくって歩いていた。数週間後、妻の腕は左右の長さが1cmほど違っていた。

20. イタズラを発見し、叱ろうとすると、しっぽを全力で振り、最高の笑顔で甘えてくるようになった。あまりにかわいらしい表情と仕草で、たいてい叱れなかった。

21. ブラシを持つと寄ってくるが、爪切りを持つと姿をくらませた。

22. 大きめの鳥が庭に来たときに、室内から鳥めがけてジャンプをし、窓ガラスに激突。窓が外れた。

23. 車に乗せて出かけるときもあったが、乗ると必ずシートをほじくり返し、理想の寝床にしようとするので、愛車のシートはボロボロになり、カバーをかけなければ恥ずかしくて人に見せられない車となった。

24. 動物病院に行くと、怖さのあまり震えながら1歩も動けなくなるので、抱っこをするだけで、苦労なく注射も診察もできた。
(獣医師曰く、この子に麻酔はいりませんね……と)

25. 大型犬はしつけをしなければと言われ、外国の著名な訓練士が書いたという本を注文して買った。本には、いけないことをしたときはしっかり叱り、時には棒などでたたくのが効果的と書いてあり、本の付録として警官が持つ警棒のようなものも入っていた。本のとおりに1回たたいたが、あまりに怖そうに怯えたので、それ以上はたたけず、高い本は無駄になった。

26. 室内トイレはわりあい早めに覚え、人への甘がみも減ってきたが、家具への攻撃や物音への激吠え、散歩時の引っ張りは直らないので、近くの警察犬訓練所に相談に行った。

27. 訓練士は、「3カ月ぐらいお預かりして指導します」と言った。3カ月の訓練費用は、犬の買い値より高かった。

28. 訓練中は、甘えが出るので面会には来ないようにと言われていたが、どうしても気になったので預けて3日目に訓練所に行ってみた。

29. 野外のケージに入れられていて、私の顔を見るなり、必死に近づいてこようともがいた。表情は初めて会ったとき、そう、まさに飛行機から降りてきたときの顔だった。

30. たまたま違う犬の訓練風景を目にしたが、若い職員が言うことを聞かない大型犬の脇腹を蹴っていた。よく見ると手には竹刀を持っていた。慌てた私は「もう、けっこうです」と言って訓練を中断し、そのまま連れて帰ることにした。

31. たった3日間だったが、その後はそばで手を上に上げると、毎回、首をすくめて怯えるようになった。そのたびに「ごめん、ごめんな」と人に預けた自分を責め続けた。

32. その後は、無駄吠えなどイケナイと思われる行動をしたときは、長い時間、顔を見ながら延々と文句を言い続け、しないようにお願いする日々が続いた。たいていは、犬がもういいでしょ!と困り果てる顔になるまで言い続けた。

33. お願い作戦は、わりあい効果があり、いろいろな困りごとが解決し始めた。が、引っ張りグセだけは一向に直らなかった。

34. 困り果てた末に浮かんだアイディアが、おとなしく歩くようにしつけがされた犬を迎え、その犬に今の愛犬をつないで歩く、というものだった。

35. 本でいろいろ探し、しっかりしつけがされたオスの成犬を飼うことにした。

36. 1カ月後、ラブラドールの1歳のオスが届いた。今の愛犬より少し大きく、筋肉隆々のたくましい体格をしていたが、しつけ済みはうそで、今の愛犬に輪をかけて引っ張るので体力の消耗と妻の腕の長さの違いはさらに進んだ。

(このオス犬は18歳で亡くなったが、その話はまた別の機会に)

37. 海岸に行ってみた。砂浜に着くまでは大喜びだったが、砂浜に着くなり動かなくなった。何を怖がっているのだろうと心配したが、砂が熱くて動けなかったと判明した。

38. ラブラドールは泳ぎが得意と聞いていたので、砂浜から抱いて海に入り、水深1メートルぐらいのところで、水に落としてみた。溺れそうになり、以後、海でも川でも絶対に泳ごうとはしなくなった。

39. 観光地にある超有名なお寺に行ったとき、車から降りた途端、バスが出入りする駐車場の入り口付近でウンチをした。拾おうとしたその瞬間、大型バスが入場してきた。ウンチは見事にタイヤにつぶされ、あと始末に1時間もかかった。

40. 有名な鍾乳洞を訪ねたとき、愛犬を車に残して私たちだけ入ろうとしたら、発券所のスタッフに「ワンちゃんも入れますよ」と言われ、急いで連れに戻った。鍾乳洞より優しいスタッフに感動した。

41. 歴史的建造物を訪ねたとき、入り口で「抱っこできる犬は入場可」という看板を見つけ、愛犬を抱っこして入場した。当時の体重は25キロだったが。

42. 3歳のときに迎えたオス犬との間で妊娠した。

43. 約2カ月が過ぎ、そろそろ出産という日を迎えた。仕事も休んで昼から出産に備えた。夕方から息づかいが荒くなり、夜の9時ごろに第1子が出てきた。その後、夜明けまでに8匹を産んだ。よかったと思い翌朝仕事に出かけたが、昼ごろにもう1匹生まれたと電話があった。子犬は全部で9匹だった。

44. 逆子で出てきたときの対処法、親犬が上手にできなかったときのへその緒の切り方と羊膜の破き方などを本とビデオで勉強していたが、結局、親犬が全部上手にこなして、人の手は不要だった。

45. 母となった愛犬は見事に9匹の子犬を育てきった。わが家には娘1匹を残し、あとは親戚や友人にもらわれていった。

［中略］いろいろと思い出はありますが、今回は、省略します。（その後の14年間は、母犬と父犬と娘犬の3頭、私と妻の2人の思い出多き日が続いたが……）

46. 17歳になったころから徐々に歩けなくなったが、専用カートに乗せ、毎日の散歩は欠かさなかった。

47. 流動食の作り方、点滴の仕方やオシッコの絞り方、寝返りの打たせ方、床ずれの解消法など、子犬のとき以上に学ぶことが多く、自分の大学受験以上に勉強した。

48. そして、その年の10月5日、静かに息を引き取った。17年と138日の生涯だった。

三浦健太（みうら・けんた）

ドッグライフカウンセラー。東京都出身。1994年、雑種犬でも参加できる日本で初めての全犬種イベント「WANWANパーティ」を企画・主催する。全国で人気となり、現在までに300回を超えるイベントとなる。その後、愛犬家同士の交流を目指し、NPO法人ワンワンパーティクラブを創立。会員数は３万人を超える。そのほか、愛犬家のマナー向上活動や被災愛犬家の支援事業も開始。また、西武ドーム（現ベルーナドーム）や東京ドーム、幕張メッセなどでの大型イベントの企画・制作を実施し、好評を博す。現在も年間80回を超えるセミナーや教室にて活動中。2003年からは国営公園内の大型ドッグランの管理・運営にも関わる。『犬が伝えたかったこと』（サンクチュアリ出版）など著書多数。

ワンワンパーティクラブの
活動を知りたい方は
http://www.wanwan.org

著者の三浦健太とお話しされたい方、
またはメールをされたい方は
Kenta74nagi@gmail.com

STAFF

ブックデザイン　100mm design
イラスト　omami
校正　濱口静香、荒川照実
DTP　天満咲江（主婦の友社）
編集協力　篠原明夫
編集担当　金澤友絵（主婦の友社）

犬《いぬ》がそばにいてくれたから

2024年２月29日　第１刷発行

著　者　三《み》浦《うら》健《けん》太《た》
発行者　平野健一
発行所　株式会社主婦の友社
〒141-0021
東京都品川区上大崎3-1-1 目黒セントラルスクエア
電話 03-5280-7537（内容・不良品等のお問い合わせ）
　　 049-259-1236（販売）

印刷所　大日本印刷株式会社

　ISBN978-4-07-455628-1

■本のご注文は、お近くの書店または主婦の友社コールセンター（電話0120-916-892）まで。
＊お問い合わせ受付時間　月～金（祝日を除く）10:00 ～ 16:00
＊個人のお客さまからのよくある質問のご案内
https://shufunotomo.co.jp/faq/